◎ 王利民 刘 佳 张竞成 邵 杰 杨福刚 著

中国农业灾害遥感监测

病害卷

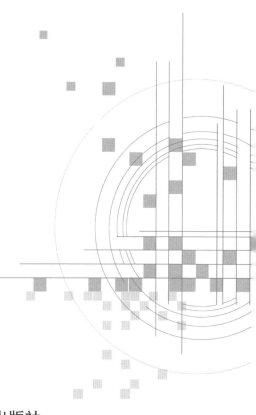

中国农业科学技术出版社

图书在版编目（CIP）数据

中国农业灾害遥感监测.病害卷/王利民等著.—
北京：中国农业科学技术出版社，2017.1
　ISBN 978 - 7 - 5116 - 2851 - 0

　Ⅰ.①中… Ⅱ.①王… Ⅲ.①遥感技术—应用—农业
—自然灾害—监测—研究—中国②遥感技术—应用—农业
—病害—监测—研究—中国 Ⅳ.①S42

　中国版本图书馆 CIP 数据核字（2016）第 284937 号

责任编辑	于建慧	李　刚
责任校对	杨丁庆	

出 版 者　中国农业科学技术出版社
　　　　　北京市海淀区中关村南大街12号　　邮编：100081
电　　话　（010）82109708（编辑室）　（010）82109702（发行部）
　　　　　（010）82109703（读者服务部）
传　　真　（010）82109708
网　　址　http://www.castp.cn
经　　销　各地新华书店
印　　刷　北京富泰印刷有限责任公司
开　　本　710 mm×1000 mm
印　　张　13.75
字　　数　211千字
版　　次　2017年1月第1版　　2017年1月第1次印刷
定　　价　60.00元

作物病害遥感监测是利用遥感技术实现田间作物生长状况的监测，以便及时采取措施进行治理。

本书的总体编写思路为：背景及研究现状介绍，作物病害遥感监测基础理论概述，主要数据源获取与处理，病害监测方法分析，相关案例陈述，作物病害预警及损失评估，系统模块设计等。基于这一编写思路，本书以病害监测为基准，对病害监测相关参数进行分析，并简要说明这些参数的数据来源及相关数据的处理流程，然后从病害监测、预警以及作物损失这几个方面进行作物病害研究，并列举若干实例进行说明，最后对作物病害监测及预计的系统设计和实现进行了叙述。

本书第1章到第4章为病害监测基础理论部分，其中，第1章引言对作物病害监测的背景以及当前的研究状况进行了简要介绍；第2章主要介绍病害监测相关指数获取以及农学参数的选择与量测；第3章列举了可实现作物病害监测的数据来源以及这些数据所需进行的处理过程；第4章到第5章为作物病害监测研究理论与应用部分，第4章对作物病害监测研究理论以及相对应的技术流程进行了阐述；第5章基于上一章中的作物病害监测理论，以西北三省为试验区，以冬小麦条锈病、白粉病和夏玉米大斑病、小斑病为例，进行了监测试验；第6章和第7章为作物病害预警及损失评估部分，第6章着重于作物病害监测后，依据监测构建的模型对作物进行的预警预测研究，并依此进行了相关作物的预警预测试验；第7章为作物病害损失评价部分，通过前期的监测以及预测模型的反演，对受病害影响后的作物损失量进行了推算。第8章为系统开发介绍部分，分析作物病害监测、预警预测以及损失评价模块的需求，并进行系统模块的开发和实现，最后实现系统的应用及推广；附录为本书针对实例的一些附加说明。

随着遥感技术的发展和研究的深入，其在各行各业中的应用也日益广泛，而将遥感技术引入农业病害监测，不仅有效补充了病害监测手段，且发挥着越来越重要的作用，通过遥感技术可实现大范围农作物的快速监测、预警和损失评估，对保障农业安全生产，降低农业产量损失，提升国民经济具有重要意义。从事农业遥感研究以来，多年的经历使得我们累积了丰富的遥感专业知识和研究成果，同时，也组建了专业的研究人员队伍，包括经验丰富的科学家以及一批意气风发的青年科技工作者，在不断地研究过程中，大家都在学习中得到了成长，也使得我们的队伍日渐强大。在这里我们要提一下对本书作出贡献的人员，他们是高建孟、姚保明、富长虹、滕飞等。

本书以理论联系实际，从作物病害研究的背景、理论基础、数据来源、监测方法以及实地试验和结果验证对作物病害监测的整个技术流程作了简要概况，对相关专业领域的研究人员和技术人员也存在一定的参考价值。我们期望本书的出版能进一步促进遥感技术在农业病害监测预测领域的交流，以推进农业病害遥感监测的发展，为减少农业受病害影响，增加国家经济，提高国民收入作出更多的贡献。

鉴于本人水平有限，且作物病害监测的研究也在不断地丰富和发展，书中不妥和错误之处在所难免，恳请广大读者批评指正。

王利民

2016年8月23日

目 录

引言

我国是人口大国，对粮食的需求日益增长，随着耕地面积的不断减少，粮食产量问题成为我国面临的一个关键问题。其中，作为影响作物粮食生产较大的因素之一，病虫害对作物的生长影响尤为明显，统计资料显示，全球每年因病虫害影响而损失的粮食数量占总产量四分之一左右，而在病虫害流行的年份，其影响更加突出，并且这种趋势也随着环境的恶化变得愈加严峻。因此，加强病虫害的预警和监测就显得尤为重要。

我国农业自然灾害预报仍然以常规手段为主，观测要素不全、不精、不连续，信息传输、处理和分析水平较低，缺乏天空地一体化的灾害监测应用系统、数据采集与处理技术，评估技术相对落后，存在很大的随意性，准确性和实时性较差；农业自然灾害监测、预警、预报、评估水平较低，仍然不能满足国家对农业灾害监测评估的需求，迫切需要解决。因此，通过采用现代化技术，实现农作物病害实时准确的监测预警，提高农作物病害的防灾减灾能力，无疑对我国农业发展、粮食增产都会产生很大的经济作用和现实意义。

因此，作物病害遥感监测的研究是在国家需求催生、农业灾害遥感监测技术成熟度较高的双重背景下立项的，对推动我国农业灾害遥感监测、评估与预警技术的广泛应用，提高我国农业灾害信息服务能力具有重要的意义。在粮食贸易全球化趋势国际背景下，全球农业自然灾害的日趋严重，通过现代遥感技术提高农业信息服务水平，是指导国家粮食生产战略的现实需求。

《国家中长期科学和技术发展规划纲要（2006—2020年）》把"重大自然灾害监测与防御"列为优先主题；《国家'十二五'科学和技术发展规划》《空间技术领域'十二五'战略研究规划》《'十二五'国际科技合作重点任务》《农业遥感应用'十二五'发展规划》（审议稿），以及"十一五"期间启动的国家重大专项"高分辨率对地观测系统"等相关国家科技发展规划、重点任务、创新工程、重大工程及农业部有关规划，从提高公共安全和防灾减灾能力的需要，推进重点领域核心关键技术突破，大力加强民生科技等方面都对"重大自然灾害监测预警技术"进行了规划部署。

"农业灾害遥感监测、损失评估技术与系统"课题从国家农业灾害决策信息的实际需求出发，以服务于推进重点领域核心关键技术突破，加强农业农村科技创新，加强农业关键技术突破和成果转化应用，为粮食单产年增长率达到0.8%提供科技支撑，保障国家粮食安全和农产品有效供给为目的，以主要农业灾害为对象进行监测、损失评估技术研究与系统建设。课题设置是从保障国家粮食安全和农业生产、农民生活的需要，提高国家对重大自然灾害监测预警能力的需要，发展重大农业灾害风险管理科学技术的需要，参与建立国际农业灾害监测系统的需要出发，产生于我国农业生产的实际需求，并与国家中长期发展规划要求一致。因此，课题是在国家农业生产迫切需求的背景下立项的。

1.2　研究现状

当前，作物病虫害遥感监测的研究热点主要体现在两个方面：一是基于传统点状气象植保数据来构建病害预测模型；二是基于遥感新兴技术的病害监测。在气象数据预测病害方面，部分研究根据病害的发生生理机制，利用气象数据和物候规律进行预测。遥感技术则是通过病害光谱分析来监测病害发生范围和严重程度，一般是对不同病害程度下的作物进行光谱监测，为了获取明显的对比光谱信息，有效的光谱数据采集会在病害已经发生的后期进行，会限制病害的防治，因此如何采用遥感手段实现病虫害的早期预测是农作物病害监测研究的一个热点方向。

1.2.1　国内研究现状

我国从"六五"期间开始开展自然灾害遥感监测研究，基于各阶段的研究成果开发了不同的灾害监测与预警系统。早期的系统包括"八五"期间中国科学院开发的"灾害遥感监测评价系统ICS"和中国水利水电科学研究院开发的"自然灾害气象卫星宏观监测信息服务系统"等，这些系统对提高我国防灾减灾工作水平具有重大意义。农业行业以农业部所属农业遥感应用中心为牵头单位，于1999年建立了"全国农情遥感监测业务运行系统"，初步形成了符合中国农业生产特点的灾害监测业务系统，并实现了业务化运行至今。该系统从建立之初就涉及干旱、洪涝、草原等内容，其监测结果是农业部粮食会商的三大信息源之一，有效提升了农业部粮食监测的时效性与决策水平。

在农作物病虫害监测方面，北京农业信息技术研究中心多年研究积累了丰富的经验，并取得了相关的研究成果：明确不同病虫害胁迫下的农作物冠层光谱响应特征、规律和机理，提出新的高光谱植被指数、荧光参数和红边参数等光谱参数，建立了导数光谱、连续统去除法和变换特征等高光谱特征变量分析技术，研制了基于统计回归、学习矢量量化神经网络、支持向量机、概率神经网络、主成分分析和概率神经网络相结合的农作物病虫害遥感定量反演技术，实现了冬小麦条锈病和白粉病、棉花黄萎病、水稻稻干尖线虫病、稻纵卷叶螟和穗颈瘟等主要农作物病虫害病情指数的遥感监测。

基于气象数据进行作物病害预测方面，目前国内较集中于气象环境因子以及监测模型等的研究。气象环境因子主要表现为气温、降水量等因素的作用，研究表明，气温、降水量及相对湿度等气象因子是造成西北地区小麦条锈病发生的重要因素；在陇东地区，春季降水量则是小麦条锈病发生的决定性因素，且病害程度主要受3—5月降水量的影响；同时还有研究人员将风量值作物冬小麦条锈病的影响因子之一，研究了其与条锈病发生的内在联系。在监测模型方面，则主要是数学模型的使用，即将作物病害气象因素等作为输入，利用数学模型进行病害的预测，有研究者利用降水量和平均温度、秋季菌量等信息作为病害预测关键因子输入模型，基于BP神经网络建立了小麦病害预测模型；利用冬小麦条锈病病害程度时间序列资料，应用马尔可夫链可预测下一年条锈病的发生程度，且预测结果与实际基本相符；也有研究尝试将气象数据和病菌孢子数量，菌源地分布等植保数据相结合，预测作物病虫害的流行趋势和时空分布。

利用遥感技术进行作物病虫害监测，主要表现在病虫害光谱响应生理机制、光谱响应位置、病虫害监测指数构建以及病虫害遥感识别和区分方面。

在作物受病虫害侵染时，作物光谱曲线上不同波段处会表现出不同程度的吸收和反射特性，这些特性一般认为是由病虫害引起的作物色素、水分、形态、结构等变化引起的，其与病虫害的特点相关。不同病虫害会引起作物相同波段处的光谱反射率差异，在小麦条锈病监测方面，研究发现630～687nm，740～890nm和976～1350nm处波段对条锈病较为敏感，而有学者则发现小麦条锈病与560～670nm波段的反射率变化有密切关系。在当前病虫害遥感探测的研究与实践中，往往不直接使用光谱反射率，一般是基于各种类型的植被指数进行分析。截至目前，越来越多不同形式的植被指数被提出，这些指数也具有一定的生物或理化意义，通常是利用敏感波段组合、插值、比值等代数形式进行构建。国内已有较多研究尝试通过各类植被指数建立遥感信息与病虫害之间的联系，有学者采用改正型叶绿素吸收比值指数和优化土壤调节植被指数的组合对小麦病害下的色素变化进行监测，并建立了这两个指数与受条锈病侵染小麦间的良好相关关系；有采用水体指数对番茄病虫害进行探测，并建立了两者之间的联系；其中，较常见的植被指数为归一化植被指数和比值植被指数，有研究人员利用比值植被指数和三角形植被指数进行了小麦病害诊断，并取得良好效果；此外，还有利用波段区间内的吸收深度和吸收面积来建立与作物病害程度间的关系；除了基本的植被指数外，一般还可以光谱进行微分处理，通过获取的一阶微分光谱，对敏感波段进行组合等，建立指数与病情间的相关关系。

在利用遥感技术进行作物病虫害识别和病害程度区分时，除了选取合适的波段和病害监测指数外，还需要选用合适的病害识别和区分算法，以建立作物光谱与病害之间的关系。目前国内外研究人员针对不同类型的病虫害特点，提出了各种各样的方法和模型，一般可以分为两类：基于高光谱非成像数据和基于成像光谱数据的作物病害识别与区分。在高光谱非成像数据分析病害研究中，有学者利用回归分析构建了小麦条锈病病害程度的反演模型；有研究团队运用主成分分析、概率神经网络和支持向量机等多种数据挖掘算法进行光谱数据分析和模型的构建，在水稻稻瘟病、稻纵卷叶螟、稻干尖线虫病、水稻胡麻斑病等多种病害的识别、监测方面开展了系列研究；还有的学者使用非线性软间隔分类机，以红边面积和红边位置作为输入向量，进行水稻干尖线虫的研究；利用主成分分析技术和概率神经网络相结合，也可以实现对多种水稻病虫害进行快速、精准的分类识别；除了以上的分析方法以外，常用的还有偏最小二乘回归和人工神经网络等方法被用于作物的病害识别和区分。在基于成像光谱数据的作物病害研究方面，国内有学者借助航空高光谱图像，利用回归分析技术建立了小麦条锈病的病害反演模型；主成分分析也在成像光谱数据中得到了重要应用，并被应用到柑橘溃皮病识别，以及结合交互自组织数据分析技术进行了棉花根腐病的提取等。

1.2.2 国外研究现状

20世纪60年代以来，随着空间遥感技术的快速发展，以及粮食安全预警、农产品贸易、农产品补贴等对粮食信息的强烈需求，国际上相继开展了农业灾害遥感监测技术研究与业务系统建设。欧美等发达国家实施了一系列重大计划，率先开展了农业灾害监测工作，并形成了业务化运行系统。美国"国家集成干旱信息系统"于2003年正式在全国范围内运行，对全国干旱进行监测和分析，并预测下一周干旱发展趋势。

国外在基于气象数据进行农作物病害监测方面，也是主要集中于气象条件，其中有学者通过分析温度、相对湿度等因子在不同生育期内，分析了番茄白粉病孢子萌发的适宜气象条件；还有采用以周为单位的温度、湿度等气象数据对印度地区油菜蚜虫进行预测，构建的模型能提前一周预测蚜虫的发生，可提前进行病害防治；在决策支持方面，有学者通过理论模型模拟了气象条件波动性和作物病虫害发生程度以及作物产量的关系。

研究作物受病虫危害后的光谱变化，寻找病虫危害程度与原始光谱、植被指数、光谱导数等变化之间的关系，确定不同作物和病虫害监测的敏感波段和敏感时期，是利用遥感技术监测农作物病虫害研究的热点和关键。国外在利用遥感技术进行作物病虫害方面，与国内所采用的研究思路大致相同，即从病虫害生理机制分析开始，确认病虫害敏感波段，并构建病害监测指数，依此建立预测模型实现作物病害的预测等。

在作物病虫害胁迫下光谱响应特征位置分析方面，有研究人员运用反射率光谱，在冠层和叶片尺度上对稻穗瘟进行识别，发现随受病稻粒的增加，水稻光谱反射率在430~530nm、580~680nm和1480~2000nm范围内均有提高（Kobayashi，2001）；感染白粉病和全蚀病的小麦在490nm、510nm、516nm、540nm、780和1300nm波段处的光谱会发生强烈的响应（Graeff，2006），且小麦条锈病与680、725和750nm这三个波段的关系较密切；黄瓜在受到Colletotrichum orbiculare病菌感染后，会在380~450nm和750~1200nm波段处出现吸收特征的改变；番茄叶片在受叶斑病感受后，会造成395nm、633~635nm和750~760nm处的光谱反射率显著改变（Jones，2010）。

在病害监测指数构建方面，目前国外主要采用的也是一般的植被指数以及波段间的组合等形式，其中应用较多的一个指数就是归一化植被指数（Normalized Difference Vegetation Index，NDVI），有用其来判别分析小麦条锈病病情信息，准确率超过95%（Bravo，2003）；NDVI还可对甜菜病害进行检测（Steddom，2003）。有研究也发现氮反射率指数、结构不敏感植被指数、植被衰老指数和归一化叶绿素比值指数能够识别并进一步区分小麦病害以及病害的不同亚型（Devadas，2009）；在受病害侵染后，一般对病害敏感的波段主要集中在可见光的绿光波段以及近红外波段处，其中在红光波段到近红外波段区间的红边波段会反映强烈，且已经被广泛应用到多种作物的病害监测中。

在进行病虫害遥感识别和区分过程中，基于高光谱非成像数据的方法以统计和数据挖掘为主。在小麦病害研究方面，有国外研究者采用方差分析、相关分析和回归分析的方法，研究了小麦条锈病和全蚀病病情与光谱特征之间的关系，并对病害敏感的波段进行了筛选，还有学者结合成分分析和主成分分析对小麦褐斑病进行了研究，并达到较好的效果；经过主成分变化后的光谱对猕猴桃的灰霉病和核盘霉病的早期诊断具有显著效果；判别分析可在早期对葡萄卷叶病进行诊断（Naidu，2009）；利用支持向量机可建立光谱信息和甜菜病斑间的高精度识别模型（Rumpf，2010）。以上基于高光谱非成像数据的研究方法基本上是通过统计判别、回归模型或数据挖掘建立光谱特征与病虫害类型和病害程度之间的关系。近年来，使用成像光谱分析作物病虫害的研究不断增多，且观测尺度也在逐渐扩展，慢慢由近地平台扩展到航天平台，而国外在这方面上的研究要多于国内，目前所使用的分析和建模方法主要集中于对图像中光谱和空间的变异信息的提取。有研究基于逐步判别分析和图像机器视觉方法对小麦赤霉病进行识别和区分研究，并取得较好的结果，为高光谱图像在小麦赤霉病的监测方法提供了技术支持（Delwiche，2000）；在小麦条锈病的监测上，结合自组织图、神经网络和二次判别分析，在光谱图像中可有效地提取小麦条锈病信息，有研究人员基于Quickbird卫星影像，利用光谱角度制图和混合调谐滤波算法进行了小麦白粉病和条锈病的识别（Jonas，2007），这些研究成果为病虫害的遥感监测提供丰富的经验。

参考文献

曹宏，兰志先. 2003. 试论陇东小麦条锈病发生原因与防治对策[J]. 麦类作物学报，23（3）：144-147.

陈刚，王海光，张录达. 2006. 小麦条锈病流行相关性研究初报[J]. 中国农学通报，22（7）：420-425.

陈述彭，童庆禧，郭华东. 1998. 遥感信息机理研究[M]. 北京：科学出版社.

胡小平，杨为之，李振岐，等. 2000. 汉中地区小麦条锈病的BP神经网络预测[J]. 西北农业学报，9（3）：28-31.

黄敬峰，王福民，王秀珍. 2010. 水稻高光谱遥感实验研究[M]. 杭州：浙江大学出版社.

黄木易，黄文江，刘良云，等. 2004. 冬小麦条锈病单叶光谱特性及严重度反演[J]. 农业工程学报，20（1）：176-180.

黄木易，王纪华，黄文江，等. 2003. 冬小麦条锈病的光谱特征及遥感监测[J]. 农业工程学报，19（6）：154-158.

李波，刘占宇，黄敬峰. 2009. 基于PCA和PNN的水稻病虫害高光谱识别[J]. 农业工程学报，25（9）：143-147.

李波，刘占宇，武洪峰，等. 2009. 基于概率神经网络的水稻穗颈瘟高光谱遥感识别初步研究[J]. 科技通报，25（6）：811-815.

刘良云，黄木易，黄文江，等. 2004. 利用多时相的高光谱航空图像监测冬小麦条锈病[J].遥感学报，8（3）：275-281.

刘占宇，黄敬峰，陶荣祥，等.2008.基于主成分分析和径向基网络的水稻胡麻斑病严重度估测[J].光谱学与光谱分析，29（9）：2 156-2 160.

刘占宇，石晶晶，王大成，等.2010.稻干尖线虫病胁迫水稻叶片波谱响应特征及识别研究[J].光谱学与光谱分析，30（3）：710-713.

刘占宇，孙华生，黄敬峰.2007.基于学习矢量量化神经网络的水稻白穗和正常穗的高光谱识别[J].中国水稻科学，21（6）：664-668.

刘占宇，王大成，李波，等.2009.基于可见光/近红外光谱技术的倒伏水稻识别研究[J].红外与毫米波学报，28（5）：342-345.

强中发.1999.1988年青海省小麦条锈病发生程度的马尔柯夫链预测[J].植物保护，25（4）：19-22.

石晶晶，刘占宇，张莉丽，等.2009.基于支持向量机（SVM）的稻纵卷叶螟水稻高光谱遥感识别[J].中国水稻科学，23（3）：331-334.

宋晶晶，曹远银，李天亚，等.2011.小麦白粉病菌空中孢子量与气象因子的关系及病害预测模型的建立[J].湖北农业科学，50（13）：2 652-2 654.

王静.2015.多源遥感数据的小麦病害预测监测研究[D].南京：南京信息工程大学.

张旭东，尹东，万信，等.2003.气象条件对甘肃冬小麦条锈病流行的影响研究[J].中国农业气象，24（4）：26-28.

Bravo C，Moshou D，West J S，et al. 2003. Early disease detection in wheat fields using spectral reflectance[J]. Biosystems Engineering，84（2）：137-145.

Delwiche S R，Kim M S. 2000. Hyperspectral imaging for detection of scab in wheat[J]. Biological Quality and Precision Agriculture Ⅱ，4203：13-20.

Devadas R，Lamb D W，Simpfendorfer S，et al. 2009. Evaluating ten spectral vegetation indices for identifying rust infection in individual wheat leaves[J]. Precision Agriculture，10（6）：459-470.

Graeff S, Link J, Claupein W. 2006. Identification of powdery mildew and take-all disease in wheat by means of leaf reflectance measurements[J]. Central European Journal of Biology, 1（2）: 275-288.

Huang W J, Huang M Y, Liu L Y, et al. 2005. Inversion of the severity of winter wheat yellow rust using proper hyper spectral index[J]. Transactions of the Chinese Society of Agricultural Engineering, 21（4）: 97-103.

Huang W J, Lamb D W, Niu Z, et al. 2007. Identification of yellow rust in wheat using in-situ spectral reflectance measurements and airborne hyperspectral imaging[J]. Precision Agriculture, 8（5）: 187-197.

Jonas F, Menz G. 2007. Multi-temporal wheat disease detection by multi-spectral remote sensing[J]. Precision Agriculture, 8（3）: 161-172.

Jones C D, Jones J B, Lee W S. 2010. Diagnosis of bacterial spot of tomato using spectral signatures[J]. Computers and Electronics in Agriculture, 74（2）: 329-335.

Kobayashi T, Kanda E, Kitada K, et al. 2001. Detection of rice panicle blast with multispectral radiometer and the potential of using airborne multispectral scanners[J]. The American Psychopathological Society, 91（3）: 316-323.

Liu Z Y, Huang J F, Shi J J, et al. 2007. Characterizing and estimating rice brown spot disease severity using stepwise regression, principal component regression and partial least-square regression[J]. Journal of Zhejiang University-Science B: Biomedicine and Biotechnology, 8（10）: 738-744.

Liu Z Y, Shi J J, Zhang L W, et al. 2010. Discrimination of rice panicles by hyperspectral reflectance data based on principal component analysis and support vector classification[J]. Journal of Zhejiang University-Science: Biomedicine and Biotechnology, 11（1）: 71-78.

Liu Z Y, Wu H F, Huang J F. 2010. Application of neural networks to discriminate fungal infection levels in rice panicles using hyperspectral reflectance and principal components analysis[J]. Computers and Electronics in Agriculture, 72 (2): 99-106.

Moshou D, Bravo C, Oberti R, et al. 2005. Plant disease detection based on data fusion of hyper-spectral and multi-spectral fluorescence imaging using Kohonen maps[J]. Real-Time Imaging, 11 (2): 75-83.

Moshou D, Bravo C, West J, et al. 2004. Automatic detection of 'yellow rust' in wheat using reflectance measurements and neural networks[J]. Computers and Electronics in Agriculture, 44 (3): 173-188.

Muhammed H H, Larsolle A. 2003. Feature vector based analysis of hyperspectral crop reflectance data for discrimination and quantification of fungal disease severity in wheat[J]. Biosystems Engineering, 86 (2): 125-134.

Muhammed H H. 2005. Hyperspectral crop reflectance data for characterizing and estimating fungal disease severity in wheat[J]. Biosystems Engineering, 91 (1): 9-20.

Naidu R A, Perry E M, Pierce F J, et al. 2009. The potential of spectral reflectance technique for the detection of Grapevine leafroll-associated virus-3 in two red-berried wine grape cultivars[J]. Computers and Electronics in Agriculture, 66 (1): 38-45.

Qin J, Burks T F, Kim M S, et al. 2008. Citrus canker detection using hyperspectral reflectance imaging and PCA-based image classification method[J]. Sensing and Instrumentation for Food Quality and Safety, 2 (3): 168-177.

Remigio A Guzman-Plazola, R Michael Davis, James J Marois. 2003. Effects of relative humidity and high temperature on spore germination and development of tomato powdery mildew[J]. Crop Protection, 22 (10): 1 157-1 168.

Rumpf T, Mahlein A K, Steiner U, et al. 2010. Early detection and classification of plant diseases with support vector machines based on hyperspectral reflectance[J]. Computers and Electronics in Agriculture, 74 (1): 91-99.

Sasaki Y, Okamoto T, Imo K, et al. 1999. Automatic diagnosis of plant disease: Recognition between healthy and diseased leaf[J]. Journal of the Japanese Society of Agricultural Machinery, 61 (2): 119-126.

Steddom L, Heidel G, Jones D. 2003. Remote detection of rhizomania in sugar beets[J]. Phytopathology, 93 (6): 720-726.

Xu H R, Ying Y B, Fu X P, et al. 2007. Near-infrared spectroscopy in detection leaf miner damage on tomato leaf[J]. Biosystems Engineering, 96 (4): 447-454.

Yang C H, Everitt J H, Fernandes C J. 2010. Comparison of airborne multispectral and hyperspectral imagery for mapping cotton root rot[J]. Biosystems Engineering, 107 (2): 131-139.

病害监测原理与农学参数

2.1　病害胁迫监测原理

利用遥感技术进行病害监测，其实质是以作物正常及受病虫害感染后的光谱信息作为研究对象，分析不同状态下作物的光谱特征，并依据不同的特征信息进行病害预测等。因此，进行病虫害遥感监测时，首先需要对病害影响下的作物光谱响应生理机制进行分析，这是遥感技术预测病虫害的基本依据；其次，由于不同类型作物、不同病害种类对作物的光谱响应是有差异的，而这种差异会体现在光谱反射率上，并且光谱响应的位置以及响应强度也会有所区别，在进行遥感分析时，则需要这些差异出现的位置，从而为后期的分析做准备。由于不直接使用光谱进行病害监测，常常会借助植被指数构建光谱特征与病害之间的关系，故需要根据光谱差异，对波段信息进行组合或微分处理等，以获取一组可用于表征病虫害类型以及病虫害严重程度的病害监测指数；在构建病害监测指数后，则需根据监测指数对作物可能潜在的病害进行预测，或进行受灾量评估，而这个过程依赖于预测或评估数学模型，即以监测指数作为数学模型的输入量，对病害严重程度或受灾量进行预测和评估等，具体流程如图2-1所示。

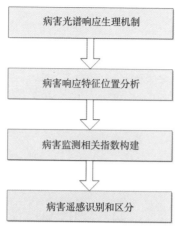

图2-1 病害遥感监测原理

2.1.1 病害光谱响应生理机制

光学遥感监测是目前植物病虫害监测中研究最为聚集、应用最为广泛的领域。植物在病虫害侵染条件下会在不同波段上表现出不同程度的吸收和反射特性的改变，即病虫害的光谱响应，通过形式化表达成为光谱特征后作为植物病虫害光学遥感监测的基本依据。植物病虫害的光谱响应可以近似认为是一个由病虫害引起的植物色素、水分、形态、结构等变化的函数，因此往往呈现多效性，并且与每一种病虫害的特点有关。

由于受各类色素的吸收作用，健康植株的光谱通常在可见光区域反射率较低；受叶片内部组织的空气—细胞界面的多次散射作用，在近红外区域往往反射率较高；受水、蛋白质和其他含碳成分的吸收作用，在短波红外区域呈现较低反射率。在受到病菌浸染后，植物叶片上常会形成不同形式的斑病、坏死或枯萎的区域，色素的含量和活性降低，导致可见光区域的反射率增加，同时红边（670~730nm）向短波方向移动。另一方面，感病植株在胁迫较严重时会出现叶倾角变化甚至植株倒伏等冠层形态的变化，从而在较大程度上影响近红外波段的反射率光谱。健康植株受病虫害侵染达到一定程度时，植株水分代谢受到干扰，引起叶片或植株的水分亏缺，进而引起近红外波段反射率的变化。同时，植株体含水量变化与植株

14

形态等结构因素亦存在密切关系，但是，相对于色素而言，水分对光谱的影响具有更大的不确定性。多种病虫害（如小麦白粉病、条锈病）易发生于环境湿度较高的地方，此现象与病虫害对植株水分的影响方向相反，因此对二者的影响常难于区分。此外，在冠层尺度上，太阳光经大气时水汽被大量吸收，于近红外波段形成3个水汽吸收带。这一特点进一步加大了对植株体水分信息的提取难度。因此，目前对于植物病虫害反射率光谱的研究，较多的还是考虑色素、细胞结构以及冠层结构的影响。

总体而言，目前植物病虫害胁迫下引起光谱响应的生理机制基本是明确的。这些机理为利用遥感技术研究感病植物在不同波段下的光谱响应变化奠定了理论依据。

2.1.2　病害光谱响应特征位置

由于病虫害叶片在冠层光谱是对植物生理、生化、形态、结构等改变的整体响应，具有高度复杂性，因此对于不同植物，不同类型、不同发展阶段的病虫害，可能会有多样的光谱特征。对于不同的病虫害而言，由于病菌自身特点，其所引起的作物叶片冠层结构或组织成分的变化也存在一定的差异，当观测不同作物不同病原的冠层光谱时，往往也会因为叶片冠层内部结构的差异而使得各波段的光谱响应位置有所不同，综合当前已有研究成果，本书列举了几种作物针对不同病原时，光谱响应特征的位置，如表2-1所示。

表2-1显示，对于不同的作物种类以及不同的病原，作物冠层光谱响应波段的位置会有所差异，而这些差异则是识别病害类型的基本依据。选择合适的、响应特征明显的波段是利用遥感技术进行病害监测的重要过程，对病害的识别和区分起到决定性作用。

表2-1　部分农作物各病害光谱响应波段

植物	病原	光谱响应波段（nm）
小麦	白粉病（powdery mildew） 全蚀病（take-all disease）	490，510，516，540，780，1300

植物	病原	光谱响应波段（nm）
小麦	赤霉病	550，568，605，623，660，697，715，733
小麦	条锈病（yellow rust）	680，725，750
小麦	条锈病（yellow rust）	630～687，740～890，976～1350
小麦	条锈病（yellow rust）	560～670
水稻	褐飞虱（brown planthopper）	737～925
水稻	褐飞虱（brown planthopper）稻纵卷叶螟（leaffolder）	426
水稻	稻颖枯病（glume blight disease）	450～850
水稻	稻瘟病（rice panicles blast）	430～530，580～680，1480～2000
番茄	潜叶蛾（leaf miner）	800～1100，1450，1900
番茄	晚疫病（late blight disease）	700～750，750～930，950～1030，1040～1130
番茄	细菌性叶斑病（xanthomonas perforans）	395，633～635，750～760
洋葱	酸皮病（sour skin disease）	1150～1280
芹菜	菌核病（sclerotinia rot disease）	566～567，677，711～712，757，1109～1110，1203
黄瓜	炭疽病菌（colletotrichum orbiculare）	380～450，750～1200
葡萄	卷叶病（leafroll disease）	752，684，970

2.1.3　病害监测相关指数

植被指数是目前用来进行作物病害监测的最有效指数，它利用无量纲的辐射测度来反映绿色植被的相对丰度及其活动，其也需具备几种特点，对植物生物物理参数尽可能敏感，最好呈线性响应，这使其可以在大范围的植被条件下使用，并且方便对指数验证和定标；归一化模拟外部效应如太阳角、观测角和大气，以便能够进行空间和时间上的比较；归一化内部效应如冠层背景变化，包括地形（坡度和坡向）、土壤的差别，以及衰老或木质化（不进行光合作用的观测组分）植被的差异；能和一些特点的可测度的生物物理参数，例如生物量、叶面积指数或者APAR进行耦合，作为验证和质量控制部分。

典型的健康绿色植被光谱反射曲线上，蓝光波段和红光波段处各有一个反射吸收带（波谷位于0.45μm及0.65μm），在绿光波段及近红外波段处则有较强的反射峰，其中在红光波段到近红外处最为明显，光谱反射强度陡然上升。植被对可见光和近红外范围内辐射的吸收和反射作用的两种截然不同表现是由色素及细胞内部机构差异所造成，因此，在实际应用过程中常以这两个波段区间内的波段组合建立植被指数，且这些指数常用于植被的生长状况监测。植被指数在一定程度上反映着植被的演化信息，其一个重要特点是可以转换成叶冠生物物理学参数。植被指数是利用植被冠层的光学参数提取出的独特的光谱信息，特别是在红光和近红外波段处，适合于开展对植被活动的辐射度量，主要优势在于，实现简单，除了辐射观测之外，不需要其他的辅助资料，也没有假定条件。植被指数被利用的关键是有效地综合了光谱各波段的信息，在增加植被有利信息的同时，使得与植被无关信息或关联较小的信息最小化。在病虫害遥感探测的研究与实践中，研究者们往往不直接使用光谱反射率，而是基于各种类型的植被指数进行分析。迄今为止，已有多种不同形式的植被指数被相继提出，通常具有一定的生物或理化意义，是植物光谱的一种重要的应用形式。除波段组合、插值、比值、归一化等常用的代数形式外，如光谱微分等也常用于光谱特征的构建，表2-2列举了一些当前被用于作物病虫害监测的植被指数，及其对应的表达式。

表2-2　植被指数

植被指数名称	表达式
归一化植被指数（normalized difference vegetation index，NDVI）	$NDVI=(R_{Nir}-R_{Red})/(R_{Nir}+R_{Red})$
比值植被指数（simple ratio，SR）	$SR=R_{Nir}/R_{Red}$
绿度归一化植被指数（green normalized difference vegetation index，GNDVI）	$GNDVI=(R_{Green}-R_{Red})/(R_{Green}+R_{Red})$

中国农业灾害遥感监测·病害卷

植被指数名称	表达式
水分波段指数（water band index，IWB）	$IWB = R_{950}/R_{900}$
土壤调节植被指数（soil-adjusted vegetation index，SAVI）	$SAVI = \dfrac{1.5*(R_{Nir}-R_{Red})}{(R_{Nir}-R_{Red}+0.5)}$
光化学植被指数（photochemical reflectance index，PRI）	$PRI = (R_{531}-R_{570})/(R_{531}+R_{570})$
三角形植被指数（triangular vegetation index，TVI）	$TVI = 0.5*[120*(R_{750}-R_{550})-§§§§§üü\ (R_{670}-R_{550})$
红边植被胁迫指数（red-edge vegetation stress index，RVSI）	$RVSI = \dfrac{R_{714}-R_{752}}{2}-R_{733}$
改进型叶绿素吸收指数（modified chlorophyll absorption in reflectance index，MCARI）	$MCARI = [(R_{700}-R_{670})- 0.2*\dfrac{(R_{700}-R_{550})*R_{700}}{R_{670}}]$
抗大气指数（visible atmospherically resistance index，VARI）	$VARI = \dfrac{(R_{green}-R_{red})}{(R_{green}+R_{red}-R_{blue})}$
水分指数（water index，WI）	$WI = R_{900}/R_{970}$
花青素反射指数（anthocyanin reflectance index，ARI）	$ARI = 1/R_{550}-1/R_{700}$
转换叶绿色吸收指数（the transformed chlorophyll absorption and reflectance index，TCARI）	$TCARI = 3*[(R_{700}-R_{670})- 0.2*\dfrac{(R_{700}-R_{550})*R_{700}}{R_{670}}]$
优化土壤调节植被指数（optimized soil-adjusted vegetation index，OSAVI）	$OSAVI = \dfrac{1.16*(R_{800}-R_{670})}{(R_{800}+R_{670}+0.16)}$
氮反射指数（nitrogen reflectance index，NRI）	$NRI = (R_{570}-R_{670})/(R_{570}+R_{670})$
结构不敏感植被指数（structural independent pigment index，SIPI）	$SIPI = (R_{800}-R_{445})/(R_{800}+R_{680})$
植被衰老指数（plant senescence reflectance index，PSRI）	$PSRI = (R_{678}-R_{500})/R_{750}$
归一化色素比率指数（normalized pigment chlorophyll ratio index，NPCI）	$NPCI = (R_{680}-R_{430})/(R_{680}+R_{430})$

其中，比较常用的植被指数有归一化植被指数和比值植被指数。

2.1.3.1 归一化植被指数

归一化植被指数（NDVI）是一种较为常用的植被指数，通常用来确定被观测目标区是否为绿色植被覆盖，以及植被覆盖度的指标，计算公式为：

$$NDVI = \frac{NIR - R}{NIR + R}$$

式中，NIR 为近红外波段反射率，R 为红光波段处反射率。可用其来监测植被生长状态、植被覆盖度和消除部分辐射误差等，其中，根据当前和历史同时期数据的NDVI比较，可判断植被的生长状况，或通过其值大小来判断可能存在的问题等。当计算的NDVI为负值时，表示地面覆盖为云、水、雪等，对可见光反射；当为0时，表示有裸土或岩石等，NIR 和 R 近似相等；当为正值时，表示有植被覆盖，且随覆盖度增大而增大。归一化植被指数能反映出植被冠层的背景影响，如土壤、潮湿地面等，与植被覆盖有关。

植被处在胁迫状态时，会导致叶绿色含量减少，通过研究可见光和近红外波段处的反射率来探测叶绿色含量是一种比较有效的探测植被胁迫的方法。其部分原因在于比值消除了大部分与太阳角、地形、云/阴影和大气条件有关的辐照度条件的变化，增强了NDVI对植被的响应能力。

2.1.3.2 比值植被指数

比值植被指数（RVI）是近红外与红光波段处反射率的比值。

$$RVI = \frac{NIR}{R}$$

该植被指数能够充分表现植被在红光和近红外波段处的反射率差异，能增强植被与土壤背景之间的辐射差异。绿色健康植被覆盖地区的RVI远大于1，而无植被覆盖的地面（裸土、人工建筑、水体、植被枯死或严重虫害）的RVI在1附近。植被的RVI通常大于2。RVI是绿色植物的灵敏指示参数，与LAI、叶干生物量（DM）、叶绿素含量相关性高，可用于监测和估算植物生物量。植被覆盖度影响RVI，当植被覆盖度较高时，RVI对植被十分敏感，当植被覆盖度<50%时，这种敏感性显著降低。RVI受大气条件影响，大气效应大大降低对植被监测的灵敏度，所以在计算前需要进行大气校正，或用反射率计算RVI。

除波段组合、插值、比值、归一化等常用的代数形式外，光谱微分等变换形式也常用于光谱特征的构建。光谱的低阶微分处理对噪声影响敏感性较低，研究表明在实际应用中较为有效。一阶微分光谱能够提供反射率的变化，即波长的斜率，可以去除部分线性或近线性的背景噪声光谱对目标光谱的影响，而高光谱波段连续且数量较多，适合对其进行一阶微分处理。高光谱数据一阶微分处理计算方法如下：

$$\rho'(\lambda_i) = \frac{\left[\rho(\lambda_{i+1}) - \rho(\lambda_{i-1})\right]}{\Delta\lambda}$$

式中，λ_i为各波段波长，$\rho'(\lambda_i)$为一阶微分光谱，ρ表示波段反射率，$\Delta\lambda$表示λ_{i+1}到λ_{i-1}间的波长间隔。

2.1.4 病害遥感识别和区分

为了利用遥感技术有效识别和区分作物病害，除了需要确定敏感光谱特征以及构建作物病害监测指数外，还需要选择合适的识别和区分算法，即采用一定的算法来构建光谱与病害之间的关系，实现对病害的预测、监测以及受灾量评估等。这种识别和区分算法中则涉及了多元统计分析，数据挖掘算法和图像分析方法，以使得构建的病害监测模型能够具备较高的识别和区分精度，达到精确监测的目的。

在实际应用中，由于病害监测的数据源不同，所采用的遥感识别和区分方法也存在一定的差异。其中，基于高光谱非成像数据的病害监测以统计和数据挖掘算法为主，常用到的方法有方差分析（analysis of variance）、相关分析（correlation analysis）、回归分析（regression analysis）、主成分分析（principal component analysis）、人工神经网络（artificial neural network， ANN）和支持向量机（support vector machine）等。

2.1.4.1　主成分分析

主成分分析（PCA）也称主分量分析，旨在利用降维的思想，把多指标转化为少数几个综合指标。在统计学中，主成分分析时一种简化数据集的技术，其属于线性变换过程，即将数据变换到一个新的坐标系统中，使得数据中方差最大的在第一个坐标上（即第一主成分），第二大方差的数据在第二个坐标上，依此类推可以构造出后续的主成分。如果第一主成分不足以代表原理指标信息，再考虑选取第二个线性组合，为了有效反映原理信息，第一主成分已有的信息就不需要再出现在第二主成分中。

主成分分析的主要优点有：①由于在进行原始数据指标变量变换后，各主成分之间相互独立，因此可消除评估指标之间的影响；②主成分分析可以消除评估指标间的相关影响，可减少指标选择的工作量；③各主成分是按照方差大小依此排列顺序，在分析问题时，可以只取前几个方差较大的几个主成分来代表原始变量，从而减少计算工作量。

同样，主成分分析也存在一定的局限性：①变换后的前几个主成分需要具备较高的贡献率，并且能够代表符合实际的含义；②由于主成分分析采用降维的方式实现数据的变换，因此主成分在表示原始数据时存在一定的模糊性；③当主成分的因子存在正负符号时，会使得评价函数意义不够明确。

2.1.4.2　回归分析

回归分析是确定两种或两种以上变量间相互依赖的定量关系的统计分析方法。回归分析是从一组数据出发，确定某些变量之间的定量关系式，即建立数学模型并利用最小二乘等方法对其中的未知参数进行估计，并对这些关系式的可信度进行检验。从多个自变量中，判断其中对关系式影响显著的自变量，并将这些影响显著的自变量加入到模型中，将判断出的影响不显著的自变量剔除，最后利用所求的关系式进行预测或控制。

2.1.4.3　人工神经网络

人工神经网络是20世纪80年代以来人工智能领域兴起的研究热点，是人工智能的重要分支，具有自适应、自组织和自学习的特点。它从信息处理的角度对人脑神经元网络进行抽象，建立某种简单模型，按不同的连接方式组成不同的网络。神经网络是一种运算模型，由大量的神经元相互连接构成，每个神经元代表一种特定的输出函数，即激励函数，每两个神经元间的连接都代表一个对于通过该连接信号的加权值，称为权重，相当于人工神经网络的记忆。神经网络是由大量处理单元互联组成的非线性、自适应信息处理系统，它试图通过模拟大脑神经网络处理、记忆信息的方式进行信息处理，人工神经网络基本特征如下。

（1）非线性　非线性关系是自然界的普遍特性，人工神经元处于激活或抑制两种不同的状态，这种行为在数学上表现为一种非线性关系，具有阈值的神经元构成的网络具有更好的性能，可以提高容错性和存储容量。

（2）非局限性　一个神经网络通常由多个神经元广泛连接而成，一个系统的整体行为不仅取决于单个神经元的特征，而且可能主要由单元之间的相互作用、相互连接决定，通过单元之间的大量连接模拟大脑的非局限性。

（3）非常定性　人工神经网络具有自适应、自组织、自学习能力，神经网络处理的信息有各种变化，且在信息处理的同时，非线性动力系统本身也在不断变化。

（4）非凸性　一个系统的演化方向，在一定条件下将取决于某个特定的状态函数，非凸性是指这种函数有多个极值，对应于系统则具有多个较稳定的平衡态，这将导致系统演化的多样性。

2.1.4.4　支持向量机

支持向量机是建立在统计学习理论的VC维理论和结构风险最小化原

理基础上的学习方法，根据有限的样本信息在模型的复杂性和学习能力之间需求最佳折中，以求获得最好的推广能力。支持向量机方法的几个主要优点有如下。

——它是专门针对有限样本情况的，其目标是得到现有信息下的最优解，而不仅仅是样本数趋于无穷大时的最优值；

——支持向量机最终将转换成为一个二次型寻优问题，从理论上说，得到的将是全局最优点，解决了在神经网络中无法避免的局部极值问题；

——将实际问题通过非线性变换转换到高维的特征空间，在高维空间中构造线性判别函数来实现原空间中的非线性判别函数，特殊性质能保证机器有较好的推广能力，同时它巧妙地解决了维数问题，其算法复杂度与样本维数无关。

支持向量机是从线性可分情况下的最优分类面发展而来的，如图2-2所示，实心点和空心点代表两类样本，H为分类线，H_1、H_2分别为过各类中离分类线最近的样本且平行于分类线的直线，分类线之间的距离称为分类间隔（margin），最优分类线就是要求分类线不但能将两个类别正确分开，而且使分类间隔最大。

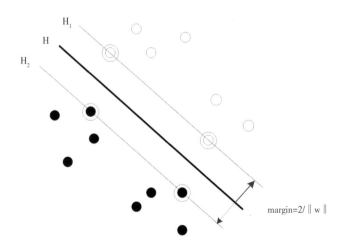

图2-2　最优分类面

2.2　病情指数

病情指数（disease index，DI）又称为发病指数、感染指数。它与发病率一样，是表示发病程度的一种方法，但二者又有不同。发病率是指一个群体中发病的多少，用百分率表示，而病情指数（DI）是根据一定数目的植株或植株器官各病级（把植株或植被某一器官感染病害的轻重程度划分为等级，称为病级）核计其发病器官数所得平均发病程度的数值。病情指数是全面考虑发病率与严重度的综合指标。计算公式有两种：

2.2.1　当严重度用分级代表值表示时

$$DI=\frac{\sum（各级病株数或器官数 \times 发病级别）}{总株数或器官数 \times 最高发病级数} \times 100$$

发病最重的DI值是100，完全无病为0。

2.2.2　当严重度用百分率表示时

$$DI=普遍率 \times 严重度 \times 100$$

2.3　地面观测实验

地面观测实验主要是利用地面观测设备对研究区进行观测以及实地的调查，并对植被进行光谱测定以监测作物病害。其中光谱测定主要包括叶片光谱测定和冠层光谱测定等。

2.3.1　叶片光谱测定

叶片光谱测定为遥感分析植被病害提供有效的数据源，一般采用外置积分球耦连地物光谱仪，根据叶片病斑分布情况，对每片叶片测定10～15个不同位置（避开叶脉）后取平均代表该叶片。参考板光谱每测定10片叶片记录一次，叶片反射率通过叶片辐亮度和参考板辐亮度计算求得。

2.3.2　冠层光谱测定

　　植被冠层光谱是进行病害遥感监测的主要依据，其中病害监测指数的构建皆需依据冠层光谱的反射率特性。一般是采用ASD FieldSpec Pro FR（350～2500nm）型光谱仪进行测定。观测时需将光谱仪探头垂直向下，要与冠层保持一定的距离，探头视场角固定。对样本区进行测量时，需要进行多次测量，每次测量前后均要用标准的参考板进行校正求得反射率，并将光谱曲线进行重采样。光谱测定时，尽量选在晴朗无云的天气条件下进行。

2.4　与病害有关的农学参数选择与测量

2.4.1　农学参数选择

　　农学参数是用来表述农作物各方面情况的指数，如叶绿素、类胡萝卜素含量以及叶面积指数等都是农学参数。

2.4.1.1　叶绿素

　　叶绿素是一类与光合作用有关的最重要的色素，是光合作用能力和植被发育阶段的指示器，是监测植被生长健康状况的重要指标之一。当作物受病害侵染后，往往会影响叶片以及植株内部组织结构和叶绿素含量等，当利用光谱仪进行植被光谱采集后，由于病菌会造成叶绿素等色素含量的减少以及破坏内部细胞组织结构，使得染病植被光谱在一些波段范围内会与正常植被对应区域的波段反射率形成显著差异，这是判断分析作物病害类型和程度的主要生理依据。叶绿素在光谱探测过程中，主要起到吸收绿光的作用，正常植被在绿光波段的反射率一般要低于染病植被在绿光波段范围内的反射率，因此，对叶绿素的测定可辅助于作物病害的光谱监测。

2.4.1.2 叶面积指数

叶面积指数（leaf area index，LAI）是指单位土地面积上植物叶面总面积占土地面积的倍数。叶面积指数定量地描述了群体水平上叶子的生长与叶密度间的变化关系，它是用来表征植被几何结构和生长状态的关键生物物理参数，也是气候、能量和碳循环等模型的重要输入参数。叶面积指数是反映作物群体大小较好的动态指标，在一定范围内，作物的产量随叶面积指数的增大而提高，当叶面积指数增加到一定的限度后，田间郁闭，光照不足，光合效率减弱，产量反而下降。在生态学中，叶面积指数是生态系统的一个重要结构参数，用来反映植物叶面数量、冠层结构变化、植物群落生命力及其环境效应，为植物冠层表明物质和能量交换的描述提供结构化的定量信息，并在生态系统碳积累、植被生产力和土壤、植被、大气间相互作用的能力平衡，植被遥感等方面起重要作用。

2.4.2 作物生理参数测定

小区实验中除进行光谱测试外，部分小区对叶面积指数、植株叶绿素、植株水分、冠层荧光指标等农学生理参数进行测试。具体测试方法参考《植物生理学实验技术》（张宪政，1994）。

参考文献

陈拉，黄敬峰，王秀珍. 2008. 不同传感器的模拟植被指数对水稻叶面积指数的估测精度和敏感性分析[J].遥感学报，12（1）：143-151.

邓乃扬，田英杰. 2009.支持向量机——理论、算法与拓展[M].北京：科学出版社.

丁世飞，齐丙娟，谭红艳. 2011.支持向量机理论与算法研究综述[J].电子科技大学学报，40（1）：2-10.

范闻捷，盖颖颖，徐希孺，等. 2013.遥感反演离散植被有效叶面积指数的空间尺度效应[J]. 中国科学：地球科学，43：280-286.

宫兆宁，赵雅莉，赵文吉，等. 2014. 基于光谱指数的植物叶片叶绿素含量的估算模型[J]. 生态学报，34（20）：5 736-5 745.

韩立群. 2006. 人工神经网络[M]. 北京：北京邮电大学出版社.

何晓群，刘文卿. 2001. 应用回归分析[M]. 北京：中国人民大学出版社.

黄文江. 2009. 作物病害遥感监测机理与应用[M]. 北京：中国农业科学技术出版社.

刘镕源，王纪华，杨贵军，等. 2011. 冬小麦叶面积指数地面测量方法的比较[J]. 农业工程学报，27（3）：220-224.

毛健，赵红东，姚婧婧. 2011. 人工神经网络的发展及应用[J]. 电子设计工程，19（24）：62-65.

孙刘平，钱吴永. 2009. 基于主成分分析法的综合评价方法的改进[J]. 数学的实践与认识，39（18）：15-20.

王纪华，超春江，黄文江，等. 2008. 农业定量遥感基础与应用[M]. 北京：科学出版社.

杨峰，范亚民，李建龙，等. 2010. 高光谱数据估测稻麦叶面积指数和叶绿素密度[J]. 农业工程学报，26（2）：237-243.

叶双峰. 2001. 关于主成分分析做综合评价的改进[J]. 数学统计与管理，20（2）：52-61.

张竞成，袁琳，王纪华，等. 2012. 作物病虫害遥感监测研究进展[J]. 农业工程学报，28（20）：1-11.

张竞成. 2012. 多源遥感数据小麦病害信息提取方法研究[D]. 杭州：浙江大学.

张仁华. 2009. 定量热红外遥感模型及地面实验基础[M]. 北京：科学出版社.

张宪政. 1994. 植物生理学实验技术[M]. 沈阳：辽宁科学技术出版社.

张学工. 2000. 关于统计学习理论与支持向量机[J]. 自动化学报，26（1）：32-41.

赵建廷，石银鹿. 1990. 病情指数及其表示方法[J]. 山西农业科学，3：30.

Bicheron P，Leroy M. 1999. A method of biophysical parameter retrieval at global scale by inversion of a vegetation reflectance model[J]. Remote Sens Environ，67：251-266.

C. Cortes，V. Vapnik. 1995. Support vector networks[J]. Machine Learning，20：273-295.

Cheng T，Rivard B，Sanchez-Azofeifa A，et al. 2010. Continuous wavelet analysis for the detection of green attack damage due to mountain pine beetle infestation[J]. Remote Sensing of Environment，114（4）：899-910.

Ingo Steinwart. 2003. Sparseness of support vector machines[J]. Journal of Machine Learning Research，4：1 071-1 105.

Setiono R，Leow W K. 2000. FERNN：An algorithm for fast extraction of rules from neural networks[J]. Apploed Intelligence，12（1-2）：15-25.

Simon Tong，Daphne Koller. 2001. Support vector machine active learning with application to text classification[J]. Journal of Machine Learning Research，2：45-66.

Siva Soumya B，Sekhar M J. Riotte，et al. 2009. Non-linear regression model for spatial variation in precipitation chemistry for South India[J]. Atmospheric Environment（43）：1 147-1 152.

Vasanth Kumer K，Sivanesan. S 2006. Pseudo second order kinetic models for safrain onto rice husk：Comparison of linear and non-linear regression analysis[J]. Process Biochemistry（41）：1 198-1 202.

Walthall C L，Dulaney W P，Anderson M，et al. 2004. Alternative approaches for estimating leaf area index（LAI）from remotely sensed satellite and aircraft imagery. In：Gao W，Shaw D R，eds. Proceedings of the Society of Photo-optical Instrumentation Engineers，2004. Bellingham：SPIE-INT SOc Optical Engineering，241-255.

Wang Y J，Woodcock C E，Buermanna W，et al. 2004. Evaluation of the

MODIS LAI algorithm at a coniferous forest site in Finland[J]. Remote Sens Environ, 91: 114-127.

Weng Q H. 2011. Advances in Environmental Remote Sensing: Sensors, Algorithms, and Applications[M]. Florida: CRC Press.

Wu Wei, Wang Jian, Cheng Mingsong, et al. 2011. Convergence analysis of online gradient method for BP netural networks[J]. Neural NetWorks (24): 91-98.

Zhang J C, Luo J H, Huang W J, et al. 2011. Continuous wavelet analysis based spectral feature selection for winter wheat yellow rust detection[J]. Intelligent Automation and Soft Computing, 17 (5): 531-540.

数据获取及处理

3.1 主要数据源

3.1.1 地面光谱数据源

光谱信息是高光谱技术的重要优势，地面高光谱数据对于高光谱图像预处理具有重要的参考作用，也是其分析应用的重要支持。在卫星或航空成像光谱仪过顶时，进行地面野外或实验室同步观测，获取下行太阳辐射，用于遥感器定标；在反射率转换模型中，可利用地面高光谱遥感数据来完成DN值图像到反射率图像的转换；可以为卫星图像识别获取目标光谱和建立特征项；可用于建立目标地面光谱数据与目标特性间的基本定量关系等。

野外光谱仪是地面光谱数据采集的主要手段，其工作原理是由光谱仪通过光导线探头摄取目标光线，经由模/数（A/D）转换器变成数字信号，进行计算。按测量方式野外光谱仪又可分为双通道和单通道两种。双通道光谱仪有两个光线采集通道，1个采集目标物体的反射光线，另一通道采集参考板的反射光线。单通道光谱仪只有1个光线采集通道，对目标物体和参考板的测量分两次采集，该光谱仪易受外界条件影响，但测量方便，一般情况下常用该种类型的光谱仪进行野外作物的光谱数据采集，如ASD FieldSpec Pro FR。

为了测量光谱目标，需要测定3类光谱辐射值：第一类为暗光谱，既没有光线进入光谱仪时由仪器记录的光谱；第二类为参考光谱（标准板白光）；第三类为目标光谱，即从感兴趣的目标物上测得的光谱。

在进行地面光谱采集时，有几个方面应注意：为减小测量人员对自然光线的反射，测量时应着深色服装以减小对目标反射光强度的影响；为了减小阴影的影响，测量人员应面对光源在目标物后面进行测量；由于自然物体大部分具有二向反射性，测量时应保持探头垂直，这样才能与空中传感器获取数据的状态保持一致；当光源不稳定时，应取消测量；注意测量时探头的视场大小，距目标的高度决定了测量面积，要保证测量面积内全为目标物；定标测量时应与飞行同步，对感兴趣目标的地面测量应在飞行前后大气状况基本一致的几天内（10：00—15：00）完成，此时太阳高度角大致相同；测量前对仪器进行暗电流测量，然后进行优化，防止数据超过光谱仪记录数值的最大范围；为减小测量误差，进行测量时需要对目标物进行多次测量，并取平均作为最后的光谱数据；目标物和参考板应间隔测量，以减小光源变化造成的误差。

利用地面高光谱遥感数据进行作物病害监测时，主要是用来分析不同病虫不同病害程度的光谱，并筛选出作物遭受病虫害的相应敏感波段，根据敏感波段构建病害监测指数，并建立相应的监测模型。

3.1.2　卫星遥感数据源

遥感卫星数据是遥感卫星在太空探测地球地表物体对电磁波的反射，及其发射的电磁波，从而提取该物体信息，完成远距离识别物体，将这些电磁波转换，识别得到可视图像，即为卫星影像。遥感卫星数据已在测绘、国土、规划、环境、水利、交通、海洋、林业、农业、地矿、电力、公共安全等领域得到了广泛应用。

在作物病害遥感监测的应用方面，随着卫星图像数据源的不断丰富，在区域尺度上利用影像数据进行病害发生及程度的监测成为一个重要的研究方向。在一定区域内，实时动态地掌握病虫害的发生和发展状况能够为农业管理、农业服务和农业保险部分提高重要信息。作物病害的监测与卫星影像的时间和空间分辨率关系密切，由于作物病害的发生发展过程相对较短，对于时间分辨率较低的卫星往往难以满足病害监测的要求，其次空间分辨率也需要达到一定的要求，太低无法保证监测精度。以下列举一些可用于病害监测的卫星。

3.1.2.1 环境减灾卫星

环境卫星是由中国国务院批准的专门用于环境和灾害监测的对地观测系统，由两颗光学卫星（HJ-1A卫星和HJ-1B卫星）一颗雷达卫星（HJ-1C卫星）组成，拥有光学、红外、超光谱多种探测手段，具有大范围、全天候、全天时、动态的环境和灾害监测能力。初步满足中国大范围、多目标、多专题、定量化的环境遥感业务运行的实际需要。

环境减灾卫星A、B星是由中国航天科技集团公司所属东方红卫星公司负责研制生产，设计寿命均大于三年，可提供可见光、红外谱段光学遥感信息，并将在一个轨道面内飞行。环境卫星A星是一颗光学星，主要在可见光谱段范围内，采用多光谱和高光谱探测手段，形成对地物大范围观测和高光谱遥感的能力。A星与B星在同一轨道内，呈180相位，可见光探测可完成对地重复观测2天的能力，高光谱探测通过侧摆可形成4天的重复观测能力。

A星功能主要包括对地可见光及高光谱遥感、ka波段通信试验、数据传输、姿态与轨道控制、电源生成与配电、卫星事务管理等。A星重量为473kg，为太阳同步轨道，离地高度649km，倾角为98.00°，重复周期为4天，其中CCD相机的探测谱段覆盖了蓝、绿、红和近红外波段，分辨率为30m，幅宽711km，超光谱成像仪探测谱段范围包括可见光和近红外波段，谱段数量为115个，平均谱段宽度为5nm，分辨率为100m，幅宽

51km。

B星是一颗光学星，主要在可见光与红外谱段范围内，采用多光谱和红外光谱探测手段，形成对地物大范围观测的能力和地表温度探测能力，为灾害和生态环境发展变化趋势预测提供信息，对灾害和环境质量进行快速和科学的评估信息。B星重496kg，太阳同步轨道，离地高度649km，重复周期为4d，CCD相机探测谱段包含蓝、绿、红和近红外，分辨率为30m，幅宽711km。红外热成像仪谱段范围包含近、短波、中波和长波红外，其中近、短波和中波红外分辨率为150m，长波红外300m。

3.1.2.2　QuickBird卫星

QuickBird卫星于2001年10月由美国DigitalGlobe公司发射，是目前世界上唯一能提供亚米级分辨率的商业卫星。其中，星下点分辨率达到0.61m，传感器包括全色波段传感器和多光谱传感器，全色波段产品分辨率为0.61~0.72m，多光谱产品分辨率2.44~2.88m，波长范围为450~900nm，覆盖了蓝光（450~520nm）、绿光（520~660nm）、红光（630~690nm）以及近红外（760~900nm），轨道离地高度为450km，太阳同步轨道，倾角为98°，重复周期为1~6天。

在QuickBird波段中，蓝光波段可用于绘制水系图和森林图、识别土壤和常绿落叶植被等；绿光波段可用于探测健康植物绿色反射率和反射水下特征；红光波段在城市人工地物和植被混杂的区域，可以将建筑物与植被很好地区分开来；近红外波段在作物分布区域、长势、分类、农作物估产、病虫害监测等方面具有不可替代的作用。在作物病害监测方面，可利用光谱角度制图和混合滤波算法对小麦白粉病和条锈病进行识别。

3.1.2.3　高分一号卫星

高分一号（GF-01）卫星是我国高分辨率对地观测系统国家科技重大专项的首发星，于2013年4月在酒泉卫星发射中心成功发射，配置了2台2m分辨率全色/8m分辨率多光谱相机，4台16m分辨率多光谱宽幅相机，全色相机波长范围为0.45~0.90μm，多光谱相机的波长覆盖了蓝光

（0.45～0.52μm）、绿光（0.52～0.59μm）、红光（0.63～0.69μm）以及近红外（0.77～0.89μm），轨道高度645km，太阳同步回归轨道，倾角为98.0506°。

高分一号卫星发射成功后，能够为国土资源部门、农业部门、环境保护部门提供高精度和大范围的空间观测服务，在地理测绘、海洋和气候气象观测、水利和林业资源监测、城市和交通精细化管理，疫情评估与公共卫生应急、地球系统科学研究等领域发挥重要作用。

3.1.3 气象数据源

气象数据主要包括研究区各站逐日平均气温、最高气温、最低气温、相对湿度、日照时数、风速及降水量，来源于中国气象科学数据共享服务网。农业灾害监测数据取自中国农业气象灾情旬值数据集，用于优化本项目构建的农业干旱监测模型。其他数据还包括研究区现势土地利用图。气象数据是反映天气的一组数据，气象数据可分为气候资料和天气资料。

气候资料通常指的是用常规气象仪器和专业气象器材所观测到各种原始资料的集合以及加工、整理、整编所形成的各种资料。但随着现代气候的发展，气候研究内容不断扩大和深化，气候资料概念和内涵得以进一步的延伸，泛指整个气候系统的有关原始资料的集合和加工产品。

天气资料是为天气分析和预报服务的一种实时性很强的气象资料。

天气资料和气候资料主要区别是天气资料随着时间的推移转化为气候资料，气候资料的内容比天气资料要广泛得多，气候资料是长时间序列的资料，而天气资料是短时间内的资料。

为了取得宝贵的气象资料，全世界各国都建立了各类气象观测值，如地面站、探空站、测风站、火箭站、辐射站、农气站和自动气象站等。新中国成立以来，我国已建成类型齐全、分布广泛的台站网，台站总数达到2 000多个。

国家气象中心每天接受来自国内外主要台站的观测资料，这些资料日积月累，随时间的推移而成为气候资料。国内一部分台站每月将观测记录报表和数字化资料寄送或传输到国家中心，这些资料或报表成为气候资料重要的部分。此外，气候资料还包括通过各种渠道收集到的其他学科如水文、地学等资料。

3.1.4　植保信息

21世纪是信息的时代，信息技术是一门多学科交叉综合的技术。农业作为国民经济的基础，对农业现代化的要求最为迫切。现代信息技术向农业领域的渗透推动着农业信息化和农业信息产业化。植保信息是指与植被保护相关的所有信息，包括植被类型、特点、生长特征、形状结构等，而这些信息的主要作用就是为植被保护提供有效的信息支持。而植保信息技术就是利用现代信息技术中的传感器技术、数据库技术、3S（地理信息系统GIS，遥感RS和全球定位技术GPS，统称为3S技术）技术等来解决植保工作中诸如农作物有害生物信息咨询、诊断、监测、数据管理、预测预报、防治决策与防治措施实施等问题的一门交叉性应用学科，目的是为了提高植保工作的效率，为农业生产中有害生物的防治提供准确有效的信息。

植保信息技术的作用主要有以下几个方面。

——改进农作物有害生物监测手段，为工作人员提供方便的应用工具，以提高农作物病虫害及其生态环境监测数据获取的效率、传输速度、数据准确性和实时性等。

——提供准确、高效的农作物有害生物监测数据管理工具和数据分析方法等，为农业生产提供及时有效的病害等预警及风险分析信息服务。

——植保信息为基于计算机视觉及专家系统等技术的病害监测诊断技术提供可靠的信息支撑，扩展了病害监测专家知识的服务范围，以保证病害防治工作能够有的放矢。例如谷类作物，蔬菜、果树等经济作物利用图像处理和专家系统知识进行的病害诊断与识别，为农业生产中病害诊断的需求及提高诊断准确率发挥重要作用。

——植保信息为农作物的病害防治决策提供技术支持，保证防治决策の科学性，有利于农业生产管理部门及农业生产者有效地组织安排农作物病害防治工作，提高病虫害防治工作中的效益。

植保信息目前在作物病虫害监测中已得到初步应用，植保预测和决策是植保系统的核心，构建病虫害预测模型，模拟病虫害发生时空动态，进行连续监测和准确预测，对作物病虫害进行预见性的管理，有助于提高防控水平，保障粮食安全。当前已有不少利用植保信息进行作物病虫害监测的研究，并构建了预警和监测体系用于指导作物生产。

3.2 地面光谱数据处理

3.2.1 反射率计算

目标反射率是波长的函数，与目标材料或目标表面涂层物的透射和吸收特性有复杂的关系，也与目标表面的粗糙度以及目标表面的粗糙度与波长的相关长度有关。

目标反射率计算公式。

$$R_{mi} = \frac{DN_{mi}}{DN_{ri}} \cdot R_{ri}$$

式中，R_{mi}为目标地物在第i波段处的反射率，DN_{mi}和DN_{ri}分别为第i波段目标地物和参考板的辐射值，R_{ri}为第i波段的参考板反射率。

3.2.2 参考板定标

在野外实地测量时，参考板反射率往往会下降，因此在野外测量的前后都应用标准板对参考板进行定标。试验中利用测量所得的数据根据反射率计算方差求出的参考板反射率。当反射率在一些波段范围内急剧变化，反射能量接近零时，要进行反射率曲线的插值和光滑处理，首先对这些变化的区域采用样条函数插值，再对整个范围进行光滑提高信噪比。

得到参考板反射率后，可进行目标光谱的计算，在光谱仪原始数据进行筛选，将曲线图中突变和明显不符合要求的原始数据删除，如超出光谱仪记录范围和光谱曲线出现直线的部分等；利用反射率计算公式计算目标反射率时，参考板数据应为在时间上与目标测量时刻最为接近的参考板数据；将同一目标多次测得的光谱数据进行算术平均，并作为该目标最后的光谱数据。

3.3　卫星遥感数据处理

卫星遥感数据处理流程如图3-1所示。

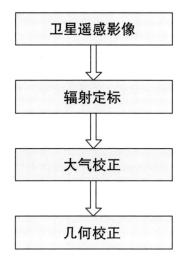

图3-1　卫星遥感影像处理流程

3.3.1　辐射定标

辐射定标是将传感器记录的无量纲的DN值转换成具有实际物理意义的大气顶层辐射亮度或反射率。辐射定标的原理是建立数字量化值与对应视场中辐射亮度值之间的定量关系，以消除传感器本身产生的误差。

辐射定标按照定标位置不同可分为3类，分别是实验室定标、机上或星上定标、场地定标。在遥感器从研制到投入运行的整个过程中，它们在不同阶段分别发挥着不同的作用。成像光谱仪的实验室内光谱定标用于确定系统各个波段的光谱响应函数；实验室内辐射定标用于确定系统各个波段对辐射量的响应能力；机上或星上实时定标用于确定波段的漂移和系统辐射响应率的变化；场地定标主要用于星载成像光谱仪的辐射定标。

3.1.1.1　实验室定标

实验室定标是成像光谱仪运行前所接受的对波长位置、辐射精度、空间定位等的定标。对于机载的成像光谱仪，在仪器投入运行以后，还需要定期定标，以监测仪器性能的变化，相应调整定标参数。

成像光谱遥感仪器由于波段多、光谱分辨率高，因此对波长的定标要求比较严格。在成像光谱仪辐射定标之前要做光谱定标，光谱定标的目的是确定成像光谱仪每个波段的中心波长和带宽。以低压汞灯及氪灯的发射谱线为标准，首先对单色仪进行全范围定标，然后使单色仪以一定的步长扫描输出单色光，由遥感器同时检测记录信号。通过比较分析单色仪的输出信号与遥感器的测量信号的波长位置、曲线形状，可以确定遥感器每个波段的波长位置、光谱响应函数等。

按不同的使用要求或应用目的，可以将辐射定标分为相对定标和绝对定标。相对定标是确定场景中各像元之间、各探测器之间、各波谱之间以及不同时间测得的辐射量的相对值。而绝对定标是通过各种标准辐射源，在不同波谱段建立成像光谱仪入瞳处的光谱辐射亮度值与成像光谱仪输出的数字量化值之间的定量关系。

按成像光谱仪使用的光谱波段的不同，可以将辐射定标分为反射波段的辐射定标和发射波段的辐射定标。反射波段的辐射定标是指在$0.35\sim2.5\mu m$范围内的可见光—短波红外波段，成像光谱仪接收到的能量主要来自于地球反射的太阳辐射，所以定标的实质是模拟太阳辐射。发射波段的辐射定标是指在大于$3\mu m$的热红外波段，成像光谱仪接收到的能力主要来自地球发射辐射，定标的实质是模拟地球的发射辐射。

设遥感器标准视场内获得的光谱辐射亮度为Y，图像输出的DN值为X，辐射定标系数中斜率为A，截距为B，则光谱辐射亮度与图像输出DN值的关系为：

$$Y = AX + B$$

式中，Y的单位是W·cm^{-2}·sr^{-1}·nm^{-1}。从图像像元的DN值即可计算出图像像元的光谱辐射亮度。

遥感器的辐射定标是逐波段进行的，根据成像光谱仪的动态范围，改变标准辐射源的辐射亮度输出级别，得到一组辐射亮度输入值与遥感器输出DN值的关系为：

$$L_j(\lambda_i) = a_{ji} DN_{(j,i)} + b_{ji}$$

式中，$L_j(\lambda_i)$表示第j组第i波段辐射亮度输入值；$DN_{(j,i)}$表示第j组第i波段图像灰度输出值；a_{ji}，b_{ji}表示第j组第i波段辐射定标系数。对测得的多组成像光谱仪输出值和标准辐射源在该波段中心波长处的光谱亮度值作线性拟合后即可求出各波段最佳的定标系数a_i和b_i。

3.1.1.2 机上或星上定标

在成像光谱仪装机、准备飞行之前，都要对它进行实验室的辐射定标，这样它在飞行中就能进行地物反射辐射的定量测量。机上辐射定标用来检查飞行中的遥感器定标情况，一般采用内定标的方法，其组成和原理与实验室辐射定标系统类似，都使用人造光源。星上定标又称为在轨定标或飞行定标，其内容和作用与实验室定标类似，对仪器的光谱特性和绝对辐射特性加以标定，用于对星上获得的数据进行校正。

3.1.1.3 场地定标

场地定标是指在遥感器处于正常运行条件下，选择辐射定标场地，通过地面同步观测对遥感器进行定标。其原理是：机载或星载成像光谱仪飞越辐射定标场地上空时，在定标产地选择若干像元区，测量成像光谱仪对应的地物的各波段光谱反射率和大气光谱等参量，并利用大气辐射传输模型等手段给出成像光谱仪入瞳处各光谱带的辐射亮度，最后确定它与成像光谱仪对应输出的数字量化值的数量关系，求解定标系数，并估算定标不确定性（田庆久，1999）。其一般流程是：获取空中、地面及大气环境数据；计算大气气溶胶光学厚度；计算大气中水和臭氧含量；分析和处理定标场地及训练区地物光谱等数据；遥感器在获取定标场地及训练区目标数据时的几何参量及时间；将测量及计算的各种参数代入大气辐射传输模型，求遥感器入瞳处辐射亮度；计算定标系数；进行误差分析。

3.3.2　大气校正

遥感所利用的各种辐射能均要与地球大气层发生相互作用，包括散射和吸收，而使得能力衰减，并使光谱分布发生变化。大气的衰减作用对不同波长的光是有选择性的，因而大气对不同波段的图像的影响是不同的。另外，由于高程等几何关系的不同，使图像中不同地区地物的像元灰度值所受大气影响程度不同，且同一地物的像元灰度值在不同获取时间所受大气影响程度也不同，而消除这些大气影响的过程，即为大气校正。

大气校正方法主要分为两种：统计模型和物理模型。统计模型是基于陆地表面变量和遥感数据的相关关系，优点在于容易建立并且可以有效地概括从局部区域获取的数据；物理模型遵循遥感系统的物理规律，物理模型是对现实的抽象，模型结构复杂，包含大量的变量，如6S模型等。

6S模型是美国马里兰大学地理系Vermote E在法国大气光学实验室Tanre D等的5S（Simulation of the Satellite Signal in the Solar Spectrum）模型基础上发展起来的。在没有大气存在时，卫星传感器接收到的辐射亮度，只与太阳辐射到地面的辐射照度和地面反射率有关。但由于大气的存在，电磁辐射在太阳—目标物—传感器系统的传输过程中受到大气分子、水汽、气溶胶和尘粒等吸收、散射和折射等影响，原始信号的强度被减弱，同时大气的散射光也有一部分直接或经过地物反射进入传感器，增强了原始信号，这些都对真实的地表反射率造成了影响。6S模型模拟了地气系统中太阳辐射的传输过程，采用最新近似和逐次散射SOS算法来计算散射和吸收，消除大气的影像，得到卫星传感器入瞳处的辐射亮度。模型受研究区域特点和目标类型等的影响较小，与LOWTRAN和MODTRAN模型相比，具有较高的精度，更接近实际情况。

假设陆地表面为均匀的朗伯体，在大气垂直均匀变化的条件下，基于6S模型的卫星传感器所接收的大气表观反射率可表示为：

$$\rho = \pi L / F_0 \mu_0$$

式中，L为大气上界观测到的辐射，它是整层大气光学厚度、太阳和卫星几何参数的函数，F_0是大气上界太阳辐射通量密度，μ_0为太阳天顶角的余弦。传感器接收到的表观反射率ρ是大气路径反射、散射与吸收的函数，可以表示为。

$$\rho(\theta_s, \theta_v, \phi_s, \phi_v) = T_g(\theta_s, \theta_v)[\rho_{r+a} + T(\theta_S)T(\theta_V)\frac{\rho_s}{1 - S*\rho_s}]$$

式中，θ_s为太阳天顶角，θ_v为观测天顶角，ϕ_s为太阳方位角，ϕ_v为观测方位角，ρ_{r+a}为由分子散射加气溶胶散射所构成的路径辐射反射率，T_g（θ_s，θ_v）为大气吸收所构成的反射率，T（θ_s）代表太阳到地面的散射透过率，T（θ_v）为地面到传感器的散射透过率，S为大气球面反照率，ρ_s为地面目标反射率。

采用6S模型进行大气校正需要获得大气影响因子参数，再根据模拟参数计算每幅影像的地表反射率。模型在输入卫星对应传感器波段的光谱响应函数、通过大气模式表达的大气状况参数后，输出的是将表观辐射亮度转换为地表反射率的相关参数；根据转换参数将影像的辐射亮度转换为地表反射率，此时模型的输入为需要进行大气校正的表观反射率（或者辐射亮度）影像，输出的是地表反射率影像。计算公式如下所示：

$$\rho_s = y / (1 + xc \times y)，\quad y = xa \times L_\lambda - xb$$

式中，ρ_s是地表反射率，L_λ是辐射亮度，xa、xb、xc是6S模型计算得到的将表观辐亮度值转换为地表反射率的转换参数。

图3-2给出了基于6S模型的卫星影像大气校正技术方案，主要由辐射定标、运行参数设置、大气校正3个部分构成。辐射定标是将原始的卫星1级影像的DN值转化为辐射亮度，结合大气顶层辐射亮度计算表观反射

率，这两个参数之一可以作为大气校正程序的输入量。运行参数设置包括两类：①卫星影像自身参数的输入，包括卫星观测几何（卫星天顶角、方位角、传感器高度）、太阳观测几何（太阳天顶角、方位角）、地面高程等，可以从影像的元数据中获取，波谱响应函数则可从传感器公开资料中获取；②大气模式参数，包括大气模式、气溶胶模式、能见度、太阳光谱函数等，系统可根据数据情况给出默认值，也可按照实际情况进行调整。

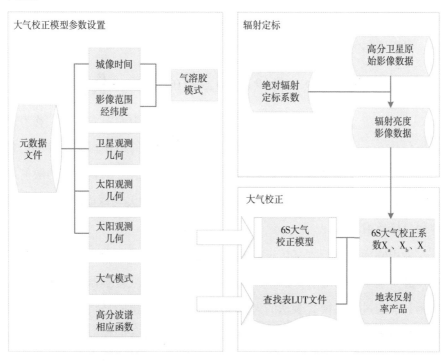

图3-2　基于6S模型的大气校正技术路线

在进行表观反射率及地表反射率计算前，需要将卫星1级产品进行辐射定标，根据各波段辐射定标系数将DN值转换为表观辐亮度，即传感器入瞳处接受的入射辐射能量值。DN值转换为辐亮度的公式如下。

$$L_\lambda = Gain \cdot DN$$

式中，L_λ为转换后辐亮度$W \cdot m^{-2} \cdot sr^{-1} \cdot \mu m^{-1}$，$DN$单位为，为卫星载荷观测值，无量纲；$Gain$为定标斜率，单位为$W \cdot m^{-2} \cdot sr^{-1} \cdot \mu m^{-1}$。

表观反射率即卫星传感器接受的光谱辐射亮度与大气顶层太阳辐射亮度的比值，也叫大气顶层反射率。表观反射率的计算公式如下：

$$\rho_{TOA} = \frac{\pi L_\lambda d^2}{ESUN_\lambda \cos \theta_s}$$

式中，ρ_{TOA}为表观反射率，L_λ为表观辐射亮度值，d为日地距离，值在1左右，θ_s随日期而变，$ESUN_\lambda$为太阳天顶角；为波段平均太阳辐射值，表示大气顶层卫星传感器某一波段获得的平均太阳辐射。为进行高分卫星影像表观反射率计算，需要根据卫星各传感器的光谱响应函数和对应区间的太阳光谱函数来计算$ESUN_\lambda$，计算公式如下：

$$ESUN_\lambda = \frac{\int_{\lambda_1}^{\lambda_2} E(\lambda)S(\lambda)d\lambda}{\int_{\lambda_1}^{\lambda_2} S(\lambda)d\lambda}$$

式中，λ_1和λ_2为传感器某一波段起始波长和终止波长；E（λ）为大气层外太阳光谱辐射能量，该值需要由太阳光谱函数计算获取，图3-3为WRC（world radiation center）提供的太阳光谱函数曲线；S（λ）为卫星传感器某一波段的光谱响应函数，可从中国资源卫星应用中心网站获取。

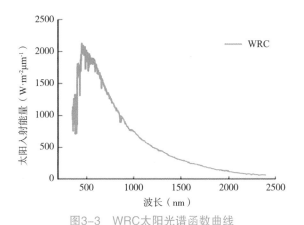

图3-3　WRC太阳光谱函数曲线

利用中国资源卫星应用中心提供的卫星各传感器光谱响应函数及WRC太阳光谱函数值，经计算得到各波段平均太阳辐射值，单位为$W \cdot m^{-2} \cdot sr^{-1} \cdot \mu m^{-1}$。

模型参数需要确定包括卫星观测几何、太阳观测几何、大气模式、气溶胶模式、气溶胶厚度、地面高度、卫星波谱响应函数等参数。其中，卫星观测几何、太阳观测几何、地面高度等参数可由影像对应的元数据文件中获取；大气模式则根据影像的成像时间及纬度确定（表3-1），包括热带（Tropical，T）、中纬度夏季（Midlatitude Summer，MLS）、中纬度冬季（Midlatitude Winter，MLW）、近极地冬季（Subarctic Winter，SAW）、近极地夏季（Subarctic Summer，SAS）等几种大气模式；气溶胶模式包括大陆型气溶胶模式、海洋型气溶胶模式、都市型气溶胶模式、沙漠型气溶胶模式、生物燃烟型气溶胶模式等，依据经验，默认为大陆性，对于特殊地区如典型沙漠、海洋等地区则选择相应气溶胶模式。气溶胶厚度使用能见度模式，默认为40km，如有实测资料，也可使用550nm处的气溶胶厚度值来代替。

表3-1　大气模式选择

北纬	一月	三月	五月	七月	九月	十一月
80°	SAW	SAW	SAW	MLW	MLW	SAW
70°	SAW	SAW	MLW	MLW	MLW	SAW
60°	MLW	MLW	MLW	SAS	SAS	MLW
50°	MLW	MLW	SAS	SAS	SAS	SAS
40°	SAS	SAS	SAS	MLS	MLS	SAS
30°	MLS	MLS	MLS	T	T	MLS
20°	T	T	T	T	T	T
10°	T	T	T	T	T	T
0°	T	T	T	T	T	T

3.3.3　几何校正

遥感成像时，由于飞行器的姿态、高度、速度以及地球自转等因素的影响，造成图像相对于地面目标发生几何畸变，这种畸变表现为像元相对于地面目标的实际位置发生挤压、扭曲、拉伸和偏移等，针对几何畸变进行的误差校正就叫几何校正。近年来，有理函数多项式（Rational Polynomial Coefficients，RPC）模型在遥感方面有了广泛的应用，由于其是传感器几何模型的一种抽象表达方式，因此适用于各类传感器包括航天和航空传感器，是近似纠正模型更精确的形式。图3-4为卫星遥感影像区域网平差流程图。

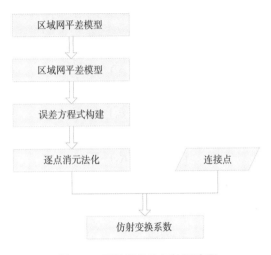

图3-4　卫星影像几何校正流程

RPC模型的实质是有理函数纠正模型（Rational Function Model，RFM），是一种能获得与严格成像模型近似一致精度的、形式简单的概括模型，它将像点坐标（c，r）表示为以相应地面点空间坐标（X，Y，Z）为自变量的多项式的比值。其形式如下：

$$
\begin{cases}
c = \dfrac{Num_C(u,v,w)}{Den_C(u,v,w)} \\[2mm]
r = \dfrac{Num_R(u,v,w)}{Den_R(u,v,w)}
\end{cases}
$$

作为一种广义模型，当RFM分母为1时，其退化为一般的多项式模型。高阶的多项式模型常常被用于拟合曲线的内插模型。式中，$Num_C(u, v, w)$，$Den_R(u, v, w)$，$Num_R(u, v, w)$，$Den_R(u, v, w)$ 形式如下：

$$p(u,v,w) = a_1 + a_2v + a_3u + a_4w + a_5vu + a_6vw + a_7uw + a_8v^2 + a_9u^2 + a_{10}w^2 +$$
$$a_{11}uvw + a_{12}v^3 + a_{13}vu^2 + a_{14}vw^2 + a_{15}v^2u + a_{16}u^3 + a_{17}uw^2 + a_{18}v^2w +$$
$$a_{19}u^2w \quad a_{20}w^3$$

式中，（u，v，w）和（c，r）分别为正则化的物方和像方坐标，a_1、a_2…a_{20}为RPC模型参数。

用 (ϕ, λ, h) 表示地面点的原始坐标，其中 ϕ 为大地纬度，λ 为大地经度，h 为大地高，用（C，R）表示原始像点坐标，则正则化计算可表示为

$$\begin{cases} \begin{cases} u = (\phi - \phi_0)/\phi_S \\ v = (\lambda - \lambda_0)/\lambda_S \\ w = (h - h_0)/h_S \end{cases} \\ \begin{cases} c = (C - C_0)/C_S \\ r = (R - R_0)/R_S \end{cases} \end{cases}$$

式中，$(\phi_0, \lambda_0, h_0, C_0, R_0)$ 为正则化平移参数，$(\phi_S, \lambda_S, h_S, C_S, R_S)$ 为正则化尺度参数。

由于星载GPS、恒星相机和陀螺等设备获取的传感器位置和姿态参数精度有限，会造成RPC模型存在较大的系统误差，反应到像方坐标上，可表示为：

$$\begin{cases} \Delta C = e_0 + e_C \cdot C + e_R \cdot R + e_{CR} \cdot C \cdot R + e_{C2} \cdot C^2 + e_{R2} \cdot R^2 + \cdots \\ \Delta R = f_0 + f_C \cdot C + f_R \cdot R + f_{CR} \cdot C \cdot R + f_{C2} \cdot C^2 + f_{R2} \cdot R^2 + \cdots \end{cases}$$

式中，ΔC，ΔR 为 C，R 的改正量，e_0，e_C，e_R，…和 f_0，f_C，f_R，…为像点坐标的改正系数。

用（S，L）表示经系统误差改正后的像点坐标，当改正量 ΔC，ΔR 的表达式取至一次项时，（S，L）与（C，R）之间的关系为：

$$\begin{cases} S = C + \Delta C = e_0 + e_1 \cdot C + e_2 \cdot R \\ L = R + \Delta R = f_0 + f_1 \cdot C + f_2 \cdot R \end{cases}$$

即存在着仿射变换关系，其中 e_0，e_1，e_2，f_0，f_1，f_2 为各影像的仿射变换参数。式（7）即为RPC模型区域网平差的数学模型。

对式（7）进行泰勒一级展开，即可建立区域网平差模型的误差方

程式

$$V = \begin{bmatrix} A & B \end{bmatrix} \begin{bmatrix} t \\ X \end{bmatrix} - L \quad \text{权矩阵} \boldsymbol{P}$$

其中，$A = [A_1 \cdots A_i \cdots]^T$，$B = [B_1 \cdots B_i \cdots]^T$ 分别为仿射变换参数和连接点物方坐标系数转置矩阵；$t = [de_0 de_1 de_2 df_0 df_1 df_2]^T$ 为影像仿射变换参数的改正值，$X = [d\phi \, d\lambda \, dh]^T$ 为连接点地面坐标的改正值；L 为像点坐标的残差向量；P 为连接点、控制点及附加参数的权矩阵。

若设参与平差的影像个数为 n，连接点的个数为 m，控制点的个数为 p，第 k 个地面点（控制点或连接点）在第 j 幅影像上的像点号为 i，则有

$$A_i = \begin{bmatrix} 0 \cdots 0 & \dfrac{\partial F_{Si}}{\partial e_o^j} & \dfrac{\partial F_{Si}}{\partial e_1^j} & \dfrac{\partial F_{Si}}{\partial e_2^j} & \dfrac{\partial F_{Si}}{\partial f_o^j} & \dfrac{\partial F_{Si}}{\partial f_1^j} & \dfrac{\partial F_{Si}}{\partial f_2^j} & 0 \cdots 0 \\ 0 \cdots 0 & \dfrac{\partial F_{Li}}{\partial e_o^j} & \dfrac{\partial F_{Li}}{\partial e_1^j} & \dfrac{\partial F_{Li}}{\partial e_2^j} & \dfrac{\partial F_{Li}}{\partial f_o^j} & \dfrac{\partial F_{Li}}{\partial f_1^j} & \dfrac{\partial F_{Li}}{\partial f_2^j} & 0 \cdots 0 \end{bmatrix}$$

$$B_i = \begin{bmatrix} 0 \cdots 0 & \dfrac{\partial F_{Si}}{\partial \phi_k} & \dfrac{\partial F_{Si}}{\partial \lambda_k} & \dfrac{\partial F_{Si}}{\partial h_k} & 0 \cdots 0 \\ 0 \cdots 0 & \dfrac{\partial F_{Li}}{\partial \phi_k} & \dfrac{\partial F_{Li}}{\partial \lambda_k} & \dfrac{\partial F_{Li}}{\partial h_k} & 0 \cdots 0 \end{bmatrix}$$

$$L_i = \begin{bmatrix} S_i^j - e_0^j - e_1^j \cdot C_i^j - e_2^j \cdot R_i^j \\ L_i^j - f_0^j - f_1^j \cdot C_i^j - f_2^j \cdot R_i^j \end{bmatrix}$$

$$\begin{cases} t = [de_0^1, \quad de_1^1 \quad de_2^1 \quad df_0^1 \quad df_1^1 \quad df_2^1 \, \mathsf{L} \quad de_0^n \quad de_1^n \quad de_2^n \quad df_0^n \quad df_1^n \quad df_2^n]^T \\ X = [d\phi_1, \quad d\lambda_1 \quad dh_1 \, \mathsf{L} \quad d\phi_m \quad d\lambda_m \quad dh_m]^T \end{cases}$$

对于每一个连接点（或控制点）可以列出一组如上式的误差方程式，其中含有两类未知数 t 和 X，矩阵 x 对应于所有影像放射变换参数的总和，矩阵 t 对应于所有地面点的坐标。相应的法方程式为：

$$\begin{bmatrix} A^T P A & A^T P B \\ B^T P A & B^T P B \end{bmatrix} \begin{bmatrix} t \\ X \end{bmatrix} = \begin{bmatrix} A^T P L \\ B^T P L \end{bmatrix}$$

对于卫星影像的区域网平差而言，由于所涉及的轨道、每条轨道上的

影像数和每幅影像的连接点数有时会很多，此时误差方程式的总数是十分可观的。在解算过程中可先消去其中一类未知数而求另一类未知数。一般情况下地面点坐标未知数X的个数要远远大于定向未知数t的个数，消去X后可得t的解为：

$$t = \left[A^T PA - A^T PB \left(B^T PB \right)^{-1} \left(B^T PA \right) \right]^{-1} \cdot \left[A^T PL - A^T PB \left(B^T PB \right)^{-1} \left(B^T PL \right) \right]$$

按照上式整体消元解算未知数时，系数矩阵、误差向量以及权矩阵的阶数不变，导致实际的计算量并没有明显减少。因此，本研究采用逐点消元法，对每个连接点（或控制点）分别进行法化、消元建立约化法方程式，最后统一解算各点的约化法方程组，求出各影像的放射变换参数的改正数。其实现形式如下：

$$\sum_{i=1m}^{m} \left(A^T PL - A^T PB \left(B^T PB \right)^{-1} \left(B^T PL \right) \right)_i =$$

$$\sum_{i=1m}^{m} \left(\left[A^T PA - A^T PB \left(B^T PB \right)^{-1} \left(B^T PA \right) \right] \right)_i \cdot t$$

经过上面的求解后，可获取各影像的仿射变换参数，结合高程数据可进行卫星影像的几何校正。

3.4　气象数据处理

气象数据的处理包括异常数据去除，以周为单位进行平均和空间插值。为得到气象数据的空间分布，利用处理后的各气象站点的气象数据研究区域进行气象数据插值，插值方法对于符合高斯分布样本采用Kriging插值，对于不符合高斯分布数据采用反距离插值方法。以周为单位计算每个气象站点的平均温度、平均相对湿度、平均日照时数、平均降水量、最低温度和最高温度。

参考文献

阿布都瓦斯提·吾拉木，秦其明，朱犁江. 2004. 基于6S模型的可见光、近红外遥感数据的大气校正[J]. 北京大学学报（自然科学版），40（4）：611-618.

柏立新，孙以文. 2002. 棉铃虫灾变监测预警指标体系及其风险警级研究[J]. 棉花学报，14（2）：99-103.

程春泉，邓喀中，孙玉山，等. 2010. 长条带卫星线阵影像区域网平差研究[J]. 测绘学报，39（2）：162-168.

方志勇，范一大，王兴玲，等. 2009. 环境减灾-1A、1B卫星在轨测试评估[J]. 航天器工程，18（6）：23-26.

高灵旺，陈继光，于新文，等. 2006. 农业病虫害预测预报专家系统平台的开发[J]. 农业工程学报，22（10）：154-158.

顾行发，陈良富，余涛，等. 2008. 基于CBERS-02卫星数据的参数定量反演算法及软件设计[J]. 遥感学报，12（4）：546-552.

郭红，顾行发，谢勇，等. 2014. 基于ZY-3 CCD相机数据的暗像元大气校正方法分析与评价[J]. 光谱学与光谱分析，34（8）：2 203-2 207.

何海舰. 2006. 基于辐射传输模型的遥感图像大气校正方法研究[D]. 长春：东北师范大学.

何海霞，杨思全，陈伟涛，等. 2011. 环境减灾卫星高光谱数据在减灾中的应用研究[J]. 航天器工程，20（6）：118-125.

何颖清，邓孺孺，陈蕾，等. 2010. 复杂地形下自动提取多暗像元的TM影像大气纠正方法[J]. 遥感技术与应用，25（4）：532-539.

黄桂平. 2005. 消元法在光束法平差中的应用[C]. 现代工程测量技术发展与应用研讨交流会论文集，5（1）：236-240.

黄祎琳. 2013. 基于遥感图像大气校正的意义与发展[J]. 科技创新与应用（36）：44-45.

句荣辉，沈佐锐. 2003. 农业病虫害预测预报上应用的数据采集系统[J]. 植物保护，29（5）：54-57.

李德仁，张过，江万寿，等. 2006. 缺少控制点的SPOT-5 HRS影像RPC模型区域网平差[S]. 武汉大学学报：信息科学版，31（5）：377-380.

李明. 2010. 温室蔬菜病害预警体系初探——以黄瓜霜霉病为例[J]. 中国农学通报，26（6）：324-331.

李小文，王祎婷. 2013. 定量遥感尺度效应刍议[J]. 地理学报，68（9）：1 163-1 169.

刘军，张永生，王冬红. 2006. 基于RPC模型的高分辨率卫星影像精确定位[J]. 测绘学报，35（1）：30-35.

刘伟刚，郭铌，李耀辉，等. 2013. 基于FLAASH模型的FY-3A/MERSI数据大气校正研究[J]. 高原气象，32（4）：1 140-1 147.

罗江燕，塔西甫拉提•特依拜，陈金奎. 2008. 基于表观反射率的渭一库绿洲植被动态变化分析[J]. 水土保持研究，15（5）：65-67.

吕昭智，沈佐锐，程登发，等. 2005. 现代信息技术在害虫种群密度监测中的应用[J]. 农业工程学报，21（12）：112-115.

马占鸿，石守定，姜玉英，等. 2004. 基于GIS的中国小麦条锈病菌越夏区气候区划[J]. 植物保护学报，34（5）：455-462.

彭光雄，何宇华，李京，等. 2007. 中巴地球资源02星CCD图像交叉定标与大气校正研究[J]. 红外与毫米波学报，26（1）：22-25.

浦瑞良，宫鹏. 2000. 高光谱遥感及其应用[M]. 北京：高等教育出版社.

秦绪文，汪韬阳，杜锦华，等. 2014. 京津冀地区高分一号宽覆盖正射影像生成[J]. 地理空间信息，12（5）：119-121.

任辉霞，高灵旺. 2007. 专家系统技术与植保应用研究进展[J]. 中国植保导刊，27（11）：11-15.

沈中，白照广. 2009. 环境减灾-1A、1B卫星在轨性能评估[J]. 航天器工程，18（6）：17-22.

石守定，马占鸿，王海光，等. 2005. 应用GIS和地理统计学研究小麦条锈病菌越冬范围[J]. 植物保护学报，32（1）：29-32.

宋凯，孙晓艳，纪建伟. 2007. 基于支持向量机的玉米叶部病害识别[J]. 农业工程学报，23（1）：155-157.

田庆久. 1999. 机载成像光谱遥感器场地外定标规范的初步研究[J]. 遥感技术与应用（3）：15-19.

汪韬阳，张过，李德仁，等. 2014. 资源三号测绘卫星影像平面和立体区域网平差比较[J]. 测绘学报，43（4）：389-395.

王建，潘竟虎，王丽红. 2002. 基于遥感卫星图像的ATCOR2快速大气纠正模型及应用[J]. 遥感技术与应用，17（4）：193–197.

王明红，金晓华，刘芊，等. 2006. 北京市农作物重大病虫害远程预警信息系统的构建及应用[J]. 中国植保导刊，26（7）：5-8.

王明红，马占鸿，金晓华，等. 2005. 北京市农作物病虫害远程预警信息系统构建[J]. 植物病理学报，35（S1）：67-70.

王桥，张峰，魏斌，等. 2009. 环境减灾-1A、1B卫星环境遥感业务运行研究[J]. 航天器工程，18（6）：125-132.

王衍安，李明，王丽辉，等. 2005. 果树病虫害诊断与防治专家系统知识库的构建[J]. 山东农业大学学报，36（3）：475-480.

王正军，张爱兵，李典谟. 2003. 遥感技术在昆虫生态学中的应用途径与进展[J]. 昆虫指数，40（2）：97-100.

王中挺，陈亮富，顾行发，等. 2006. CBERS-02卫星数据大气校正的快速算法[J]. 遥感学报，10（5）：709-714.

吴传庆，童庆禧，郑兰芬. 2005. 地图、图像光谱数据的预处理[J]. 遥感技术与应用，20（5）：506-511.

吴岩真，闻建光，王佐成，等. 2015. 遥感影像地形与大气校正系统设计与实现[J]. 遥感技术与应用，30（1）：106-114.

武永利，栾青，田国珍，等. 2011. 基于6S模型的FY-3A /MERSI可见光到近红外波段大气校[J]. 应用生态学报，22（6）：1 537-1 542.

夏冰，王建强，张跃进，等. 2006. 中国农作物有害生物监控信息系统的建立与应用[J]. 中国植保导刊，26（12）：6-8.

徐萌，郁凡，李亚春，等. 2006. 6S模式对EOS/MODIS数据进行大气校正的方法[J]. 南京大学学报（自然科学），42（6）：582-589.

杨华，李小文，高峰. 2002. 新几何光学核驱动BRDF模型反演地表反照率的算法[J]. 遥感学报，6（4）：240-251.

尹哲，赵中华. 2014. 我国植保信息技术应用进展与前景展望[J]. 中国植物导刊，34（4）：69-72.

翟保平. 2010. 农作物病虫测报学的发展与展望[J]. 植物保护，36（4）：10-14.

张过，李德仁，秦绪文，等. 2008. 基于RPC模型的高分辨率SAR影像正射纠正[J]. 遥感学报，12（6）：943-948.

张过. 2005. 缺少控制点的高分辨率卫星遥感影像几何纠正[M]. 武汉：武汉大学.

张剑清，潘励，王树根. 2003. 摄影测量学[M]. 武汉：武汉大学出版社.

张力，张继贤，陈向阳，等. 2009. 基于有理多项式模型RFM的稀少控制SPOT-5卫星影像区域网平差[J]. 测绘学报，38（4）：302-310.

张永生，刘军，巩丹超. 2004. 高分辨率遥感卫星应用：成像模型、处理算法及应用技术[M]. 北京：科学出版社.

郑琳，陈鹰，林怡. 2007. SPOT影像的RPC模型纠正[J]. 测绘与空间地理信息，30（2）：16-19.

郑盛，赵祥，张颢，等. 2010. HJ-1卫星CCD数据的大气校正及其效果分析[J]. 遥感学报，15（4）：709-721.

郑伟，曾志远. 2004. 遥感图像大气校正方法综述[J]. 遥感信息（4）：66-70.

Baltsvaias E, Pateraki M, Zhang L. 2001. Radiometric and geometric evaluation of IKONOS Geo-images and their use for 3D building modeling[C]//.Proceedings of joint ISPRS workshop on high resolution mapping from space. Hannover.

Bouma E. 2007. Computer aids for plant protection, historical perspective and future developments[J]. Bulletin OEPP/EPPO Bulletin, 37（2）：247-254.

Chen L C, Lee L H. 1989. Least squares prediction using on-board data in bundle adjustment for SPOT imagery[C]// Geoscience and remote sensing symposium. IGARSS' 89, Canadian.

Cui L L, Li G S, Ren H R, et al. 2014. Assessment of atmospheric correction methods for historical Landsat TM images in the coastal zone: A case study in Jiangsu, China[J]. European Journal of Remote Sensing, 47: 701-716.

Dowman I, Dolloff J. 2000. An evaluation of rational functions for photogrammetric restitution, ISPRS.

Fraser C S, Hanley H B, Yamakawa T. 2002. 3D positioning accuracy of IKONOS imagery[J]. Photogrammetry Record, 17 (99): 465-479.

Fraser C S, Hanley H B. 2003. Bias compensation in rational functions for IKONOS satellite imagery[J]. Photogrammetric Engineering & Remote Sensing, 1: 53-57.

Gong S Q, Huang J H, li Y M, et al. 2008. Comparison of atmospheric correction algorithms for TM image in inland waters[J]. International Journal of Remote Sensing, 29 (8): 2 199-2 210.

Grodecki J, Dial G. 2003. Block adjustment of high-resolution satellite images described by rational functions[J]. Photogrammetric Engineering & Remote Sensing, 69 (1): 59-68.

Hampshire V. 2001. Handheld digital equipment for weight composite distress paradigms: New considerations and for rapid documentation and intervention of rodent populations[J]. Contemporary Topics in Laboratory Animal Science, 40 (4): 11-17.

Jacek G. 2001. IKONOS stereo feature extraction RPC approach. ASPRS 2001 Annual Conference Proceedings[C].Saint Louis: American Society for Photogrammetry and Remote Sensing.

Jonas F, Menz G. 2007. Multi-temporal wheat disease detection by multispectral remote sensing[J]. Precision Agriculture, 8（3）: 161-172.

Liu Weigang, Guo Ni, Li Yaohui, ed al. 2013. Variation of FY-3A/MERSI Data after Atmospheric Correction Based on FLAASH Model[J]. Plateau Meteorology, 32（4）: 1 140-1 147.

Madani M. 1999. Real-Time sensor-independent positioning by rational functions[J]. Barcelona ISPRS workshop on direct versus indirect methods of sensor orientation.

Nelson M R, Felixgastelum R, Orum T V, et al. 1994. Geographic information-systems and geostatistics in the design and validation of regional plant-virus management programs[J]. Phytopathology, 84: 898-905.

Poli D. 2002. General model for airborne and spaceborne linear array sensors[J]. International Archives of Photogrammetry and Remote Sensing, 34（B1）: 177-182.

Tan K C, Lim H S, Matjafri M Z, et al. 2012. A comparison of radiometric correction techniques in the evaluation of the relationship between LST and NDVI in Landsat imagery[J]. Environmental Monitoring Assessment, 184（6）: 3 813-3 829.

Tao C V, Hu Y. 2002. 3D reconstruction methods based on the rational function model[J]. Photogrammetric Engineering & Remote Sensing, 68（7）: 705-714.

Tao C Vincent, Yong Hu. 2001. Acomprehensive study of the rational function model for photogrammetry processing[J]. Photogrammetric Engineering and Remote Sensing, 67（12）: 1 347-1 357.

Tocatlidou A, Passam H C, Sideridis A B, et al. 2002. Reasoning under uncertainty for plant disease diagnosis[J]. Expert Systems, 19（1）: 46-52.

Toutin T. 2004. Spatiotriangulation with multisensor VIR/SAR images[J]. IEEE Trans Geosci Remote Sens, 42（10）: 2 096-2 103

Toutin. 2004. Geometric Processing of Remote Sensing Images: Models, Algorithms and Methods[J]. International Journal of Remote Sensing, (10): 1 893-1 924.

Vermote E F, Tanre D, Deuze J L, et al. 1997. Second Simulation of the Satellite Signal in the Solar Spectrum, 6S: An Overview[J]. IEEE Transactions on Geoscience and Remote Sensing, 35 (3): 675-686.

Yang X. 2000. Accuracy of rational function approximation in photogrammetry[J]. ASPRS Annual Conference.

Yong Hu Tao, C V. 2002. Updating solutions of the rational function model using additional control information[J]. PE&RS, 68 (7): 715-724.

作物病害遥感监测研究

农业是国民经济的基础，对我国政治、经济、社会的稳定和发展有着至关重要的作用。我国人口众多而且耕地面积少，人口的持续刚性增长要求未来粮食生产能力必须保证年均增长2%，而粮食播种面积不断减少、水资源日趋短缺和全球变化造成灾害发生频率提高等问题使得粮食安全问题越来越突出。

我国农业自然灾害预报仍然以常规手段为主，观测要素不全、不精、不连续，信息传输、处理和分析水平较低，缺乏天空地一体化的灾害监测应用系统、数据采集与处理技术，评估技术相对落后，存在很大的随意性，准确性和实时性较差；农业自然灾害监测、预警、预报、评估水平较低，仍然不能满足国家对农业灾害监测评估的需求，迫切需要解决。因此，通过采用现代化技术，实现农作物病害的实时准确的监测预警，提高我国农作物病害的防灾减灾能力，无疑对于我国农业发展、粮食增产都会产生很大的经济作用和现实意义。

4.1 作物病害遥感监测原理

4.1.1 作物病害监测数据源选择

现有在轨卫星所携带的中高分辨率传感器，某个单一的卫星数据，其光谱分辨率、时间分辨率、空间分辨率都只能部分满足病虫害监测与损失评价的需要。以冠层实验测得最具病害典型光谱特征的小麦白粉病、条锈病冠层光谱数据，选择当前常用并易于获取的几种传感器（包括Geo-Eye、IKONOS、Quick-bird、SPOT6、Rapid-eye、Landsat 8、Worldview 2、HJCCD和高分一号），进行数据源选择研究的初步探讨。

遥感传感器的通道响应函数规定了传感器各通道的光谱响应范围和各个波长下的响应程度，是描述传感器光谱响应的核心特征。表4-1给出了本报告中所采用的9种传感器的生产国、空间分辨率、幅宽和重访周期等基本信息。这些传感器各通道的光谱响应函数汇总于图4-1。从图中可以

表 4-1　研究选取的各传感器主要参数汇总

传感器	生产国家	空间分辨率（m）	幅宽（km）	重访周期（天）
Quickbird	美国	0.61（全色） 2.44（多光谱）	16.5	1～6
Worldview-2	美国	0.5（全色） 1.8（多光谱）	16.4	1.1
HJ CCD	中国	30（多光谱）	700（两台）	2
GeoEye	美国	0.41（全色） 1.64（多光谱）	15.2	2～3
Ikonos	美国	1（全色） 4（多光谱）	11	2
高分一号	中国	2（全色） 8（多光谱） 16（多光谱）	60（两台） 800（四台）	41 4
Rapideye	德国	5（多光谱）	77	1（5颗卫星）
Spot 6	法国	1.5（全色） 6（多光谱）	60	1～3
Landsat 8	美国	15（全色） 30（多光谱）	185	16

观察到，部分传感器通道存在相似的光谱响应，相似通道的响应曲线形状相似，仅存在细微差异。但注意到不同传感器的波段设置有所区别，因此，在评价各传感器病害监测能力之前，我们按照各传感器的通道设置情况将这9种传感器分为两类：一类为具有传统的标准四通道（蓝、绿、红和近红外通道）的传感器，包括Geo-Eye，IKONOS，Quick-bird，SPOT6，HJCCD和高分一号六种；另一类为具有红边、短波红外等通道的传感器，包括Rapid-eye、Landsat 8和Worldview 2这三种。在后续的评价中，分别对这两类传感器进行讨论和比较。

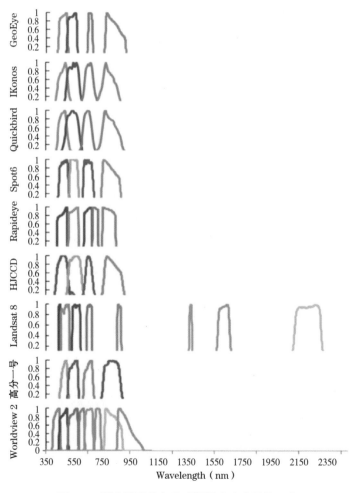

图4-1　研究选取的各传感器通道响应函数示意

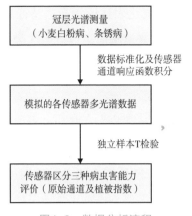

图4-2　数据分析流程

为评价不同传感器通道对病害的光谱敏感性，采用实验测得的小麦白粉病，条锈病光谱数据进行积分计算，实现高光谱和多光谱数据间转换。采用独立样本T检验，挑选出适合于病害监测的数据源（包括传感器通道和植被指数），数据分析流程如图4-2所示。在光谱信息匹配和选择的基础上，进一步结合传感器幅宽、重访周期等信息与病害发生过程的匹配情况给出数据源选择建议。研究选取的各传感器的相应通道的反射率，通过利用其通道响应函数对实验测得的冠层高光谱数据进行积分计算获得，公式如下。

$$R_{ef} = \int_{b_{start}}^{b_{end}} f(\mathrm{x})dx$$

式中，R_{ef}表示通过传感器相应通道模拟获得的某一传感器通道下的反射率值；b_{start}和b_{end}分别代表某一传感器通道的起始和终止波长；$f(x)$表示某一传感器的通道响应函数。

4.1.2　作物病害敏感波段分析

光学遥感监测是目前植物病虫害监测中研究最为广泛的领域。当植物受病害侵染后，植物反射率会在不同波段上表现出不同程度的吸收和反射特性的改变，即病害的光谱响应，一般而言，不同病害会在不同的波段处引起较为显著的变化，而这些变化明显波段一般也被称为敏感波段（如图

4-3）。将这些敏感波段形式化表达成为光谱特征后可作为植物病害光学遥感监测的基本依据。病害光谱响应可以近似认为是一个由病害引起的植物色素、水分、形态、结构等变化的函数，往往呈现多效性，并且与每一种病害的特点有关。

作物在受病害侵染时，常常会先在叶片上表现出病斑、坏死或枯萎的情况。一般会造成叶片叶绿素以及叶片内部组织结构的变化，常常会在可见光绿光波段以及红外波段处产生明显的反射率变化（见本书2.1.1章节）。在分析敏感波段时，需要与作物正常情况的波段进行对比，从而分析出波谱反射曲线中变化最为显著的波段，并将这些波段作为敏感波段。

由于病害叶片或冠层光谱是对作物生理、生化、形态、结构等改变的整体响应，具有高度复杂性，因此对于不同作物，不同类型、不同发展阶段的病害，可能会有多样的光谱特征，且光谱特征位置也会存在明显差异。

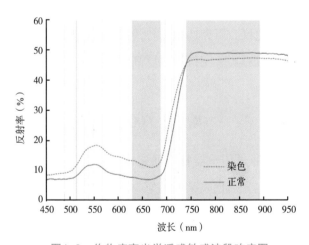

图4-3　作物病害光学遥感敏感波段响应图

4.1.3　作物病害监测特征构建

在作物病害遥感监测的研究与实践中，往往不直接使用光谱反射率，而是基于各种类型的植被指数进行分析。迄今为止，已有多种不同形式的植被指数被相继提出，通常具有一定的生物或理化意义，是植物光谱的一种重要应用形式。除波段组合、插值、比值、归一化等常用的代数形式外，光谱微分、连续统等变化形式也常用于光谱特征的构建。选择和构建有效的病害遥感监测特征是进行病害监测的基础。不同类型的病害信号往往通过叶面积指数（LAI）、色素和水分含量、光谱反射率、植被指数、生物量等参量或特征进行表达。本书根据不同病害程度胁迫下的作物冠层光谱特征，结合病害胁迫下作物冠层光谱的差异特征，构建针对作物病害的遥感监测特征。

利用卫星遥感影像进行大范围病害监测的主要方式是基于病害敏感的植被指数或光谱特征进行模型构建和填图。因此，构建一个对病害敏感且鲁棒的遥感监测特征是其中一个重要环节。

植被的光谱特征在可见光区域主要受体内细胞色素含量的影响，在近红外范围内冠层光谱反射率则受到植被冠层结构、叶片细胞结构及生物量等多种因素的影响，在短波红外区反射率主要受冠层等效水厚度决定，反射率大小和水分含量呈负相关。相关研究表明，植被受到病害胁迫后，其生理结构和外部形态发生改变，导致冠层光谱特性在可见光和红外区域存在不同程度上相反方向的变化，由此引起两区域上不同的反射率变化率。

植被指数是遥感技术中用来表征地表植被覆盖、生长状况的一个简单有效的度量参量，通过利用波段的不同组合可得到不同的植被指数。在农业研究领域植被指数被广泛应用在农作物分布及长势监测、产量估算、农田病害监测及预警、区域环境评价以及各种生物参数的提取。

4.2　结合多数据源的作物病害监测模型

研究发现，病害的发生发展受地理位置、植株品种和气象条件等多个因子的综合影响，其中气象因素的影响起主导作用。目前国内外多数作物病害的评价预测主要基于气象数据进行，对病害的监测主要依靠遥感信息。然而，气象信息空间尺度较大，无法提供病害发生空间分布的细节信息；遥感数据的物理含义决定了其适合于病害监测的特点。鉴于两类数据在形式和功能上的互补特点，本研究建立的病害综合预警监测模型旨在突破以往模型单纯利用气象数据或单纯利用遥感数据进行监测的方式，将气象数据和遥感数据结合，从病害发生机制出发，首先结合病害的生境需求通过气象数据初步确定病害发生的适宜范围。在此基础上，结合病害光谱特征使用遥感影像监测疑似病害感染区域，并通过地面调查数据对模型参数进行优化。本书将从遥感、气象以及植保信息这几个数据源结合的方式来进行病害监测模型的构建，具体技术路线如图4-4所示。

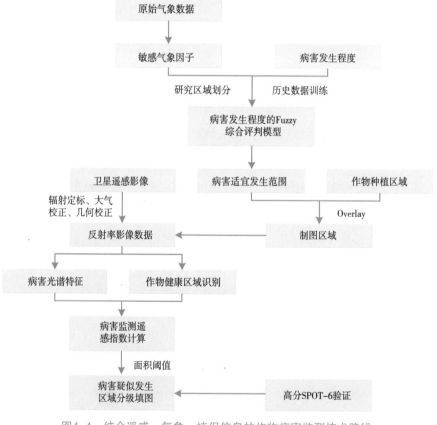

图4-4　结合遥感、气象、植保信息的作物病害监测技术路线

4.2.1　模糊综合评判模型整体设计和结构

目前，作物病害发生气象适宜性评价较常用的方法包括马尔可夫链预

测法、BP神经网络预测模型以及判别分析等。根据已发表的研究，上述作物病害预测方法在局地亦能够获得较理想的精度，然而考虑到气象因子和作物病害发生机制之间较复杂的关系，模糊数学的相关理论和方法在作物病害预测方面的潜力逐渐受到重视。模糊综合评判是一种基于模糊数学的隶属度理论把定性评价转化为定量评价，即用模糊数学对受到多种因素制约的事物或对象做出一个总体的评价，具有结果清晰，系统性强的特点，能较好地解决模糊、难以量化的问题，适合各种非确定性问题的解决。针对本研究病害发生的外延模糊、发病程度没有确切界限等特点，模糊综合评判方法较符合其发生学机制。模糊综合评判具体原理就是建立评价因素集、各因素权重集，采用一定的模糊合成算子进行综合运算和评价。

4.2.1.1　评价集与因素集

根据模糊数学评判思想，本研究首先确定作物病害发生程度综合评判等级即评价集V及其病害发生程度主控因素（评价气象因子）集U：

$$V = \{v_1, \quad v_2 \cdots \quad v_m\}$$
$$U = \{u_1, \quad u_2 \cdots \quad u_m\}$$

上式中，m为综合评判等级数，n为评价因子数，本研究中则分别表示病害发生程度（评价对象）综合评判等级数和评价气象因子（评价因子）个数。

4.2.1.2　综合评判矩阵

根据病害发生程度综合评判等级进行评价气象因子级别划分，由两者划分等级的频数表构造由列联参数θ_{ab}组成的评价气象因子列联表。列联参数公式为：

$$\theta_{ab} = \frac{N_{ab}}{N_{a \cdot}} + \frac{N_{ab}}{N_{\cdot b}}$$

式中，a为评价气象因子x的级别；b为病害发生程度综合评判等级y的级别（$a=b$）；$N_{a.}$、$N_{.b}$分别为x和y的边缘分布；N_{ab}是评价气象因子x处于a级对应病害发生程度综合评判等级y处于b级的频数。

根据模糊数学离散变量隶属度建立原则，将评价气象因子列联表中的列联参数进行归一化便得到因素集$\mathbf{U}$中每个评价气象因子u_i每一级u_{ij}对评价集$\mathbf{V}$上的模糊子集：

$$r_{ij} = (r_{ij1} \quad r_{ij2} \quad r_{ij3} \quad \cdots \quad r_{ijm}) = (\overline{\theta_{ij1}} \quad \overline{\theta_{ij2}} \quad \overline{\theta_{ij3}} \quad \cdots \quad \overline{\theta_{ijm}})$$

r_{ijm}为第i个评价气象因子第j个划分等级对病害发生程度第m个综合评判等级的隶属度。

综合评判矩阵$\mathbf{R}$中的不同行反映了某个单因素对评价对象不同评判等级模糊子集的隶属程度，由每个评价气象因子的某一级所对应的模糊子集r_{ij}组成病害发生程度的综合评判矩阵：

$$\mathbf{R} = \mathbf{r}_{n \times m} = \begin{bmatrix} r_{1j1} & r_{1j2} & \cdots & r_{1jm} \\ r_{2k1} & r_{2k2} & \cdots & r_{2km} \\ \vdots & \vdots & \vdots & \vdots \\ r_{nh1} & r_{nh2} & \cdots & r_{nhm} \end{bmatrix} \quad \{j, k, h = 1, 2, \cdots a\}$$

4.1.2.3 模糊向量

模糊数学中，评判多因素影响的对象时，应考虑不同因素对其评判等级所起作用的大小。根据评价气象因子对病害发生不同程度的影响，赋予各评价气象因子不同的权重，由这些权重值组成模糊向量。列联系数是反映列联表中评价因子与评价对象关联程度的指标，因此通过求取评价气象因子列联表中的列联系数确定模糊向量。列联系数公式为：

$$c_1 = \sqrt{S/(S+N)}$$

$$S = \left[\sum_{i=1}^{a} \sum_{j=1}^{b} \left(\frac{N_{ij}^2}{N_{i\bullet} \times N_{\bullet j}} \right) - 1 \right] \times N$$

N为评价气象因子的样本个数。由归一化的列联系数组成模糊向量C。

$$C = (\overline{c_1} \quad \overline{c_2} \quad \overline{c_3} \quad \cdots \quad \overline{c_n})^T$$

基于以上各步骤，本章基于模糊综合评判方法进行病害发生气象适宜性评价的整体技术流程图如图4-5所示。

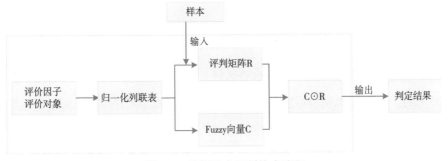

图4-5　模糊综合评判技术流程

4.2.2　基于气象和植保信息的区域病害生境适宜性评价

针对上述求得的模糊向量C和综合评判矩阵R，通过表2-2中的模糊合成算子进行运算，式中"∧"表示模糊数学中的取小运算，"∨"表示取大运算，"·"表示相乘运算。

表4-2中的不同的合成算子反映的是对评价因子不同方面的综合，取均值就形成了模糊综合决策模型：

$$Y = \sum_{i=1}^{4} Y_i / 4 = (y_1, y_2, \cdots y_m)$$

Y是评价集V的模糊子集，表示评价对象对不同评判等级模糊子集的隶属度，根据最大隶属原则输出相应的对评价对象的评判等级，即气象适宜于病害发生的程度。

表4-2　综合评判模糊合成算子

合成算子	含义
$Y_1 = \bigvee_{i=1}^{n} (C \wedge R)$	$Y_1 = \max_{1 \le i \le n} \{\min(c_i, r_{ib})\}, b = 1, 2 \cdots$
$Y_2 = \sum_{i=1}^{n} (C \wedge R)$	$Y_2 = \sum_{i=1}^{n} \min\{c_i, r_{ib}\}, b = 1, 2 \cdots$
$Y_3 = \bigvee_{i=1}^{n} (C \cdot R)$	$Y_3 = \max_{1 \le i \le n} \{c_i \cdot r_{ib}\}, b = 1, 2 \cdots$

合成算子	含义
$Y_4 = \sum_{i=1}^{n}(C \cdot R)$	$Y_4 = \sum_{i=1}^{n}\{c_i \cdot r_{ib}\}, b = 1,2\cdots$

4.2.3 基于遥感信息的病害疑似感染区域监测制图

通过遥感信息对病害疑似感染区域进行监测往往需要针对病害发生较严重的区域方能得到较好的效果，而理论和实验结果均表明，病害在气象适宜性高的区域中严重发生的可能性较大。因此，与常规病害遥感监测有所不同的是，本方法仅对4.2.2部分得到的病害发生气象适宜性评价结果中适宜性程度高于3级（中度）的区域进行后续遥感监测填图，通过这种方式将病害气象预测和遥感监测两方面有机耦合，且流程设计较简单易于进行系统集成。具体步骤包括制图区域确定，健康区域识别，病害监测遥感指数计算和病害疑似发生区域分级填图。

4.2.3.1 制图范围确定

制图范围分两步确定，首先，将4.2.2部分中所述病害发生气象适宜性评价结果中适宜性程度高于3的区域作为制图区域，基于相关县区矢量边界对经过预处理的卫星遥感影像进行裁剪。在此区域中，提取目标作物范围，并以此范围作为进一步监测和制图的范围。将此范围生产掩膜图层（mask），后续制图在该范围内进行。其中作物种植面积提取一方面可参考已有耕地矢量图等地理资料提取，或根据多时相影像进行分类获得。影像分类可结合应用区域中的土地利用类型数据、地形数据和物候知识（如通过某个特定生育期中目标作物的生长阶段和可能出现的其他作物类型进行作物种植面积提取）等先验知识，采用图像分类方法进行作物种植面积提取。

4.2.3.2 作物健康区域识别

由于图像获取时间差异、大气校正误差等不确定因素，因不同区域不同数据直接计算得到的遥感指数刻度标准不一，难以用于直接监测病害。为此，本方法应用时首先对监测区域中健康生长作物进行识别，以此作为参考，通过相对的光谱差异监测病害。健康生长作物区域划定有两种方法。一方面，可以根据实地调查或在先验知识较丰富时根据经验基于影像进行目视解译判读；另一方面，在先验知识缺乏的区域中，可以通过反映作物整体长势的NDVI统计数值求得。在这种方式下，统计监测区域所有像元的NDVI均值（mean）和标准差（SD），将处于（mean，mean+2SD）范围的像素值划分为健康区域。

4.2.3.3 病害疑似发生区域分级填图

根据4.1.3部分构建的病害遥感监测指数公式，可以计算出对应监测指数值。

对得到监测指数以阈值分割的方法可得到轻度、中度和重度病害疑似发生区域的填图结果。阈值可根据经验人为设定，也可参考区域遥感指数统计值计算得到。在第二种阈值确定模式下，首先求得病害疑似发生区域中病害监测遥感指数的均值（mean）和标准差（SD），阈值设置规则为：（mean+SD，mean+2SD）轻度疑似；（mean+2SD，mean+3SD）中度疑似；和>mean+3SD高度疑似。在有地面调查点数据作参考条件下，可在上述计算所得阈值基础上，对每一级阈值进行微调，以符合应用区域实际情况，实现监测精度最大化。

4.3 作物病害监测精度验证

本书中，对作物病害遥感监测方法的精度评价包括三个层面：首先，基于地面光谱及星地同步数据对光谱特征模型进行评价；在此基础上，基于大尺度上的多年区域病害发生植保调查数据对病害发生气象适宜性模型进行精度评价；最终，利用星地同步观测对遥感监测制图方法精度进行评价。其中，光谱特征模型部分评价指标为均方根误差和决定系数。气象适宜性评价模型的精度分别采用总体精度（Overall accuracy，OAA）和Kappa系数两项指标进行评价。OAA和Kappa计算公式分别为：

$$OAA = \sum_{i=1}^{r} x_{ii} \bigg/ N$$

$$K = \frac{N\sum_{i=1}^{r} x_{ii} - \sum_{i=1}^{r} x_{i\bullet} x_{\bullet i}}{N^2 - \sum_{i=1}^{r} x_{i\bullet} x_{\bullet i}}$$

式中，r是混淆矩阵中总列数（即总的预测类别数）；x_{ii}是混淆矩阵中对角线上的样本数（即被评价正确的样本数）；x_i和x_i第i行和第i列上总样本数量；N是用于精度验证总的样本数量。影像监测制图部分精度指标采用总体精度或正确率进行评价。

参考文献

白照广，沈中，王肇宇. 2009. 环境减灾-1A、1B卫星技术[J]. 航天器工程，18（6）：1-11.

白照广. 2013. 高分一号卫星的技术特点[J]. 中国航天（8）：5-9.

陈鹏飞，杨飞，杜佳. 2013. 基于环境减灾卫星时序归一化植被指数的冬小麦产量估测[J]. 农业工程学报，29（11）：124-131.

陈伟. 2005. 模糊数学在数学建模中的应用[J]. 数学的实践与认识，35（4）：1-5.

程三友，李英杰. 2010. SPOT系列卫星的特点与应用[J]. 地质学刊，34（4）：400-405.

邓鑫洋，邓勇，章雅娟，等. 2012. 一种信度马尔科夫模型及应用[J]. 自动化学报，38（4）：666-672.

樊保国. 1995. 淮枝荔枝气象生态适宜性及适地适栽优化模式研究[D]. 广州：华南农业大学.

郭朝辉，亓雪勇，龚亚丽，等. 2014. 环境减灾卫星影像森林火灾监测技术方法研究[J].遥感应用（4）：85-89.

郭燕，武喜红，程永政，等.2015.用高分一号数据提取玉米面积及精度分析[J].遥感信息，30（6）：31-36.

黄振国，杨君.2014.高分一号卫星影像监测水稻种植面积研究综述[J].湖南农业科学（14）：76-78.

贾玉秋，李冰，程永政，等.2015.基于GF-1与Landsat-8多光谱遥感影像的玉米LAI反演比较[J].农业工程学报，31（9）：173-179.

姜军，宋保维，潘光，等.2007.基于集对分析的模糊综合评判[J].西北工业大学学报，25（3）：421-424.

李洪兴.2006.Fuzzy系统的概率表示[J].中国科学E辑：信息科学，36（4）：373-397.

李医民，胡寿松，郝峰.2004.复杂生态系统的模糊数学模型[J].模糊系统与数学，18（2）：89-99.

李宗南，陈仲新，任国业，等.2016.基于Worldview-2影像的玉米倒伏面积估算[J].农业工程学报，32（2）：1-5.

陆春玲，王瑞，尹欢.2014."高分一号"卫星遥感成像特性[J].航天返回与遥感，35（4）：67-73.

马世斌，杨文芳，张焜.2015.SPOT卫星图像处理关键技术研究[J].国土资源遥感，27（3）：30-35.

马晓群，张宏群，吴文玉，等.2012.安徽省冬小麦品种生态气候适宜性分析和精细化区划[J].中国农业气象，33（1）：86-92.

牛侯艳，樊保国，梁立峰，等.2011.灰色系统理论在果树产地气象生态适宜性评估中的应用初探[J].中国农学通报，27（22）：281-285.

王馥棠.1991.农业产量气象模拟与模型引论[M].北京：科学出版社.

王利民，刘佳，杨福刚，等.2015.基于GF-1卫星遥感的冬小麦面积早期识别[J].农业工程学报，31（11）：194-201.

王桥，吴传庆，厉青.2010.环境一号卫星及其在环境监测中的应用[J].遥感学报，14（1）：113-121.

徐涵秋，唐菲. 2013. 新一代Landsat系列卫星：Landsat8遥感影像新增特征及其生态环境意义[J]. 生态学报，33（11）：3 249-3 257.

杨思全，李素菊，何海霞. 2010. 环境灾害A、B星应用能力分析[J]. 中国航天（4）：3-7.

杨闫君，占玉林，田庆久，等. 2015. 基于GF-1/WFV NDVI时间序列数据的作物分类[J]. 农业工程学报，31（24）：155-161.

张建华，祁力钧，冀荣华，等. 2012. 基于粗糙集和BP神经网络的棉花病害识别[J]. 农业工程学报，28（7）：161-167.

甄春相. 2002. IKONOS卫星遥感数据及其应用[J]. 铁路航测（1）：35-37.

朱光良. 2004. IKONOS等高分辨率遥感技术的发展与应用分析[J]. 地球信息科学，6（3）：108-110.

朱军，陈卫容. 2014. 环境减灾-1A、1B卫星光学载荷在轨运行情况分析[J]. 航天器工程，23（1）：17-24.

Alagoz O, Hsu H, Schaefer A J, Roberts M S. 2010. Markov decision processs：a tool for sequential decision making under uncertainty[J]. Medical Decision Making, 30（4）：474-483.

Arns M, Buchholz P, Panchenko A. 2010. On the numerical analysis of inhomogeneous continuous-time Markov chains[J]. INFORMS Journal on Computing, 22（3）：416-432.

Baasch A, Tischew S, Bruelheide H. 2010. Twelve years of succession on sandy substrates in a post-mining landscape：a Markov chain analysis[J]. Ecological Applications, 20（4）：1 136-1 147.

Chander G, Markham B L, Helder D L. 2009. Summary of current radiometric calibration coefficients for Landsat MSS, TM, ETM+ and EO-1 ALI sensors[J]. Remote Sensing of Environment, 113（5）：893-903.

Huang Xin, Zhang L P. 2012. A multiscale urban complexity index based on 3D wavelet transform for spectral-spatial feature extraction and classification: An evaluation on the 8-channel WorldView-2 imagery[J]. International Journal of Remote Sensing, 33（8）: 2 641-2 656.

Irons J R, Dwyer J L, Barsi J A. 2012. The next Landsat satellite: The Landsat Data Continuity Mission[J]. Remote Sensing of Environment, 122: 11-21.

Komorowski T, Peszat S, Szare K. 2010. On ergodicity of some Markov processes[J]. Annals of Probability, 38（4）: 1 401-1 443.

Kuoyi Huang. 2007. Application of artificial neural network for detecting Phalaenopsis seedling diseases using color and texture features[J]. Computers and Electronics in Agriculture, 57（3）: 3-11.

Pu Ruiliang, Landry S. 2012. A comparative analysis of high spatial resolution IKONOS and WorldView-2 imagery for mapping urban tree species[J]. Remote Sensing of Environment, 124（9）: 516-533.

Upadhyay P, Kumar A, Roy P S, et al. 2012. Effect on specific crop mapping using WorldView-2 multispectral add-on bands: Soft classification approach[J]. Journal of Applied Remote Sensing, 6（1）: 1-13.

Yang Hao, Chen Erxue, Li Zengyuan, et al. 2015. Wheat lodging monitoring using polarimetric index from RADARSAT-2 data[J]. International Journal of Applied Earth Observation and Geoinformation, 34（1）: 157-166.

作物病害遥感监测实例

5.1 研究目标与内容

5.1.1 研究目标

病虫害是农业生产的主要障碍，是限制作物产量的主要因素。遥感通过不直接接触目标物体的方式，探测地物波谱信息，并获取目标地物的图谱信息，从而实现对地物定性与定量的描述。在上一章中，本书介绍了作物病害遥感监测的基本原理、方式以及评价等。本章将通过实例的形式来说明作物病害遥感监测，主要从研究区与病情概述，数据源选取以及波谱响应分析，病害遥感监测特征选择和构建，以及病害遥感监测和监测结果评价等方面进行说明和讨论。

5.1.2 研究内容

5.1.2.1 作物病害遥感监测数据源选择

现有在轨卫星所携带的中高分辨率传感器，某个单一的卫星数据，其光谱分辨率、时间分辨率、空间分辨率都只能部分满足病虫害监测与灾害损失评价的需要。本书以冠层实验测得最具病害典型光谱特征的小麦白粉病，条锈病冠层光谱数据，选择当前常用并易于获取的几种传感器（包括GeoEye；Ikonos；Quickbird；Spot-6；Rapideye；Landsat-8；Worldview-2；HJCCD和高分一号），针对不同尺度和病害类型进行数据源选择研究，为保证病害遥感监测模型的业务化运行提供支持。

5.1.2.2　作物病害遥感监测特征选择和构建

选择和构建有效的病害遥感监测特征是进行病害监测的基础。不同类型的病害信号往往通过叶面积指数（LAI）、色素和水分含量、光谱反射率、植被指数、生物量等参量或特征进行表达。本研究根据不同病害程度胁迫下的作物冠层光谱特征，结合病害胁迫下作物冠层光谱的差异特征，构建针对作物病害的遥感监测特征。

5.1.2.3　综合多数据源的作物病害遥感监测

因此，目前国内外多数作物病害的评价预测主要基于气象数据进行，对病害的监测主要依靠遥感信息。然而，气象信息空间尺度较大，无法提供病害发生空间分布的细节信息；遥感数据的物理含义决定了其适合于病害监测的特点。鉴于两类数据在形式和功能上的互补特点，本研究建立的病害综合预警监测模型旨在突破以往模型单纯利用气象数据或单纯利用遥感数据进行监测的方式，将气象数据和遥感数据结合，从病害发生机制出发，首先结合病害的生境需求通过气象数据初步确定病害发生的适宜范围。在此基础上，结合病害光谱特征使用遥感影像监测疑似病害感染区域，并通过地面调查数据对模型参数进行优化。

5.1.2.4　作物病害遥感监测评价技术

本书从三个层面对作物病害遥感监测方法的精度评价：首先，基于地面光谱及星地同步数据对病害遥感监测特征的效果进行评价；在此基础上，基于大尺度上的多年区域病害发生植保调查数据对病害发生气象适宜性模型进行精度评价；最终，基于研究区的一个典型病害发生现场——陕西关中眉县，结合高分辨率卫星遥感影像（SPOT6）和精细的地面调查数据，将试验中提出的遥感监测模型和方法进行局地验证和评价。

5.2 作物病害简介

本书试验以陕西省咸阳市杨凌区、扶风县、武功县和兴平市为核心研究区，以陕西省宝鸡市、咸阳市、西安市、渭南市和铜川市四个地区为重点研究区，以陕西省、甘肃省和宁夏回族自治区为辐射研究区，针对影响我国西北地区小麦条锈病和白粉病、玉米大斑病等主要病害类型的发生规律与区域分布特点，进行遥感数据源选择与光谱特征比较研究、遥感监测模型与评价指标研究，并就监测与评价技术方案进行优化，进而形成能够工程化的产品体系。

5.2.1 冬小麦条锈

小麦条锈病是小麦锈病之一。小麦锈病俗称"黄疸病"，分条锈病、秆锈病、叶锈病3种，是我国小麦生产上分布广、传播快，危害面积大的重要病害。其中以小麦条锈病发生最为普遍且严重。主要发生在河北、河南、陕西、山东、山西、甘肃、四川、湖北、云南、青海、新疆维吾尔自治区等地。

小麦条锈病主要发生在叶片上（图5-1），其次是叶鞘和茎秆，穗部、颖壳及芒上也有发生。苗期染病，幼苗叶片上产生多层轮状排列的鲜黄色夏孢子堆。成株叶片初发病时夏孢子堆为小长条状，鲜黄色，椭圆形，与叶脉平行，且排列成行，像缝纫机轧过的针脚一样，呈虚线状，后期表皮破裂，出现锈被色粉状物；小麦近成熟时，叶鞘上出现圆形至卵圆形黑褐色夏孢子堆，散出鲜黄色粉末，即夏孢子。后期病部产生黑色冬孢子堆。冬孢子堆短线状，扁平，常数个融合，埋在表皮内，成熟时不开裂，别于小麦秆锈病。

田间苗期发病严重的条锈病与叶锈病症状易混淆，不好鉴别。小麦叶锈夏孢子堆近圆形，较大，不规则散生，主要发生在叶面，成熟时表皮开裂一圈，别于条锈病。必要时可把条锈菌和叶锈菌的夏孢子分别放在两个载玻片上，往孢子上滴一滴浓盐酸后镜检，条锈菌原生质收缩成数个小团，而叶锈菌原生质在孢子中央收缩成一个大团。

图5-1　小麦条锈病

5.2.2　冬小麦白粉病

小麦白粉病是一种世界性病害（图5-2），在各主要产麦国均有分布，我国山东沿海、四川、贵州、云南发生普遍，危害也重。近年来该病在东北、华北、西北麦区，亦有日趋严重之势。该病可侵害小麦植株地上部各器官，但以叶片和叶鞘为主，发病重时颖壳和芒也可受害。

初发病时，叶面出现1～2mm的白色霉点，后逐渐扩大为近圆形至椭圆形白色霉斑，霉斑表明有一层白粉，遇有外力或振动立即飞散。霉斑上的这些粉状物就是该菌的菌丝体和分生孢子。后期病部霉层变为灰白色至浅褐色，病斑上散生有针头大小的小黑粒点，即病原菌的闭囊壳。

图5-2　小麦白粉病

5.2.3　夏玉米大、小斑病

　　玉米大斑病又称"煤纹病""青枯病""条斑病"，小斑病又称"斑点病"（图5-3）。前期症状有时易混淆。玉米大斑病和小斑病主要危害叶片，也可危害叶鞘、苞叶、果穗和籽粒。大斑病在叶片上表现纺锤形的病斑，小斑病一般为椭圆形小斑。

　　玉米大斑病病原有性态为子囊菌门毛球腔菌属，无性态为无性菌类突脐蠕孢属；小斑病病原有性态为子囊门旋孢腔菌属，无性态为无性菌类双极蠕孢属。高温、高湿、时晴时雨是大小斑病最适合的发病条件。旱地玉米连作发病重，秋玉米地若离重病田的夏玉米地较近则发病较重，品种单一化发病重，抽穗前后最易感病，植株生长健壮，叶色深不易感病。

（a）玉米大斑病　　　　　　　　　　　（b）玉米小斑病

图5-3　玉米斑病

5.3 病害监测技术路线

　　研究具体实施的技术路线是分别针对核心示范区、重点示范区及辐射示范区不同的空间监测尺度要求，针对目前常用遥感数据源，结合小麦、玉米不同类型病虫害光谱相应特性和传感器通道响应特点，开展监测数据源选择研究。在此基础上，根据常用宽波段传感器通道设置构建针对特定作物病害遥感监测的遥感特征。在区域监测方面，在遥感数据源外，将气象数据（包括气温、降水、湿度、日照等指标），以及植保调查数据加入到病虫害发生监测的模型构建过程，采用模糊数学等方法构建基于病虫害发生机理的遥感监测模型。将上述模型和方法在重点示范区内进行应用和示范，并进行精度评价。整体技术路线见图5-4。

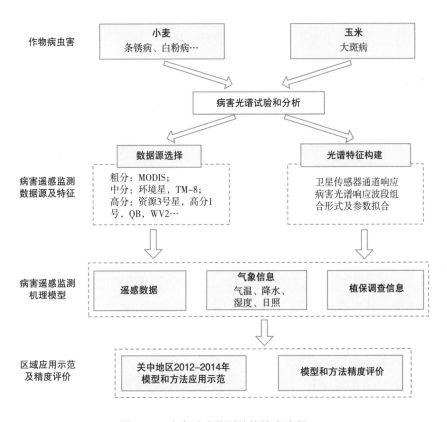

图 5-4　病害遥感监测整体技术流程

5.4　数据准备

　　项目研究主要以小区实验和大田调查相结合的方式进行。科学实验主要包括小麦病害小区光谱、生理观测实验；陕西关中平原典型区域与卫星影像同步的地面调查。获取的数据包括遥感数据，气象数据，植保数据等类型。下述分别介绍科学实验开展和数据获取及处理情况。

5.4.1　地面试验调查

　　试验地位于北京市昌平区小汤山国家精准农业示范研究基地。条锈病采取人工接种的方式进行接种，白粉病为易感病品种自然发病。条锈病接种实验分别安排在2012年4月12日和2013年3月29日进行，采取喷雾法进行接种。2012年小麦关键生育期内（4月中旬至6月初），从叶片和冠层两个尺度上，分别对小麦白粉及条锈病进行了拔节、抽穗、灌浆等病害主要生育期的实验测试，测试项目包括光谱数据（ASD2500光谱仪），荧光数据（Multiplex和PAM2100），叶绿素数据（SPAD）等以及小麦病情指数调查等。2013年开展了小区病害光普及损失评估实验，对小麦条锈病进行了包括拔节、孕穗、开花和灌浆四个主要生育期冠层光谱及其配套的农学和生理生化参数，以及LAI和光合荧光的测定，在成熟期进行了产量和品质的测定。

　　调查实验安排在2013年4月初（1—3日）和四月底（27—29日）在陕西杨凌重点监测区开展。由于2013年陕西地区气候干旱，病害发生情况较轻。在4月初调查的几个历史高发区，条锈病均未发病。在4月底的第二次调查中，从当地植保部门了解到，由于眉县地理位置位于秦岭北坡，气候较周边地区湿润，白粉病发生情况较严重，因此在第二次调查中，重点对陕西眉县地区的白粉病发生情况进行了调查。测试项目包括光谱数据（ASD2500光谱仪），荧光数据（Multiplex），叶绿素数据（SPAD），GPS位点等以及小麦病情指数调查等。图5-5为陕西眉县白粉病调查到的冠层及叶片照片，图5-6为调查点分布图。

图5-5　陕西眉县白粉病调查冠层及叶片照片

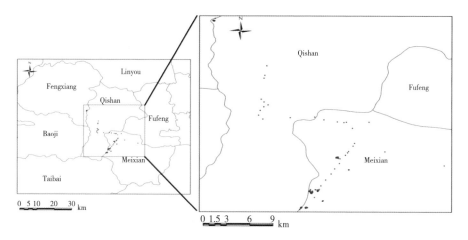

图5-6　陕西眉县白粉病调查点空间分布

5.4.2　数据获取与处理

主要包括光谱数据、农学生理数据、气象数据、卫星遥感影像数据以及植保统计数据的获取与处理。

5.4.2.1　光谱数据获取与处理

分别于2012年、2013年小麦关键生育期内（4月中旬至6月初），在作物叶片和冠层两个尺度上，对小麦白粉及条锈病在拔节、抽穗、开花和灌浆等病害主要生育期进行光谱测试；在玉米孕穗期对大斑病等病害进行冠层光谱测试。光谱测试采用ASD FieldSpec Pro FR（350～2500nm）型光谱仪进行测定，其中作物叶片光谱采用Li-1800外置积分球（Li-Cor Inc.,

Lincoln，Nebraska， USA）与ASD光谱仪耦合测试。观测时将探头垂直向下，高度始终保持离作物冠层1.3m，探头视场角为25°。每个小区测量20次，每次测量前后均用标准的参考板进行校正求得反射率，并将光谱曲线重采样至1nm叶片光谱每片叶片测定10～15个不同位置（避开叶脉）后取平均代表该叶片。参考板光谱每测定10片叶片记录一次，叶片反射率通过叶片辐亮度和参考板辐亮度计算求得。ASD反射率计算公式如下：

$$R_{目标}（\%）=\frac{Rad_{目标}}{Rad_{白板}} \times R_{白板} \times 100$$

式中，$R_{目标}$表示通过白板反射率求得的目标物光谱反射率数据，$Rad_{目标}$表示通过光谱仪测得的目标物辐亮度值，$Rad_{白板}$表示通过光谱仪测得的白板的辐亮度值，$R_{白板}$是已知的白板反射率值。

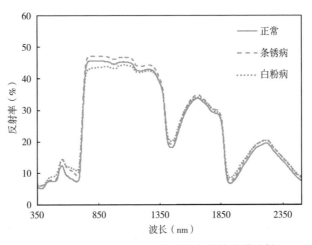

图5-7　正常、白粉及条锈病样本叶片光谱比较

5.4.2.2　农学生理参数测试

小区实验中除进行光谱测试外，部分小区对叶面积指数、植株叶绿素、植株水分、冠层荧光指标等农学生理参数进行测试。叶绿素测定取叶片中部0.5 g将其剪碎，采用80%的丙酮溶液浸提。根据室内分光光度计法，分别测定丙酮溶液在可见光663nm、645nm和440nm处的吸光度值（OD值），利用叶绿素a和叶绿素b吸收光谱的不同，测定各特定峰值波

长下的光密度，再根据色素分子在该波长下的消光系数，分别计算出叶绿素a、叶绿素b、总叶绿素a+b的浓度。

$$\text{Chla}(\text{mg}/\text{L}) = 12.7\text{OD}_{663} - 2.59\text{OD}_{645}$$

$$\text{Chlb}(\text{mg}/\text{L}) = 22.9\text{OD}_{645} - 4.67\text{OD}_{663}$$

$$\text{Chl}(\text{mg}/\text{L}) = 20.3\text{OD}_{663} - 8.04\text{OD}_{645}$$

式中，Chla、Chlb和Chl分别代表叶绿素a、叶绿素b和总的叶绿素a+b。

$$\text{Chl}(\text{mg}/\text{g}) = 浓度（\text{mg/L}）×提取液体积（\text{ml}）/质量（\text{g}）/1\,000$$

$$\text{Chl}(\text{mg}/\text{dm}^2) = 浓度（\text{mg/L}）×提取液体积（\text{ml}）/质量（\text{dm}^2）/1\,000$$

式中，单位面积先用dm^2表示，后面的计算中转换成m^2。

含水量采用烘干称重法。用电子天平速称鲜重，将剪口处插入清水中浸泡4小时后，从水中取出并擦拭掉表面多余水分并秤取饱和鲜重，用烘干箱105℃杀青15分钟，80℃下烘至恒重。

$$叶片相对含水量（\%）= \frac{（原始鲜重-干重）}{（饱和鲜重-干重）}$$

$$叶片含水量（\%）= \frac{（鲜重-干重）}{鲜重}$$

叶面积指数采用比叶重法。取标叶测量面积后烘干称重，并将其余所有植株用保鲜袋封装，在实验室内烘干称重，最后由测定对象的干重反推叶面积。

$$\text{LAI} = \frac{W_1 + W_2}{W_1 × A × 10000} × S × W$$

式中，W_1为标叶重量（g），W_2为余叶重量（g），A为取样面积（m^2），S为标叶面积（cm^2），10000是m^2换算cm^2的系数，M为取样面积的株数。荧光数据采用Multiple 3系统进行测试，时间选择10点前后和15点前后的植物荧光发射强度较高时段进行实验。

5.4.2.3　气象数据获取与处理

气象数据来自中国气象科学数据共享服务网（http：//cdc.cma.gov.cn/home.do），选择包括研究区陕西关中平原及周边地区共20个气象站点小麦、玉米生育期3—10月的逐日气象数据，包括温度（℃）、湿度（%）、降水（mm）和日照（h）四类气象要素。气象数据时间范围为2000—2014年，其中，2000—2011年数据作为与历史数据分析建模使用；2012年至2014年数据为项目执行期病害预测使用。气象站点分布如图5-8所示。

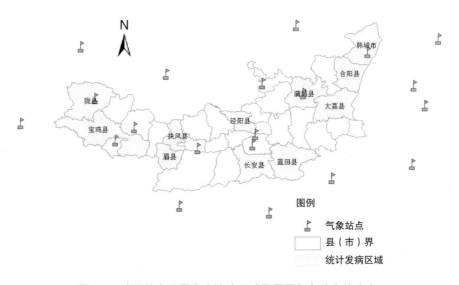

图5-8　陕西关中平原发病统计区域及周围气象站点的分布

气象数据的处理包括异常数据去除，以周为单位进行平均和空间插值。为得到气象数据的空间分布，利用处理后的各气象站点的气象数据对陕甘宁地区进行气象数据插值，插值方法对于符合高斯分布样本采用Kriging插值，对于不符合高斯分布数据采用反距离插值方法。以周为单位计算每个气象站点的平均温度、平均相对湿度、平均日照时数、平均降水量、最低温度和最高温度。数据插值结果如图5-9所示。

a.降水量插值结果

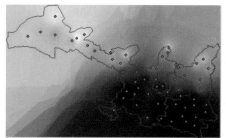
b.日照时数插值结果

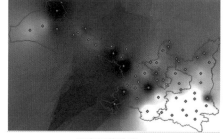
c.温度插值结果

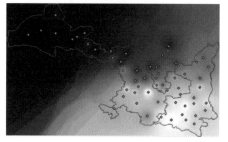
d.相对湿度插值结果

图 5-9　气象数据差值结果

5.4.2.4　植保信息

　　小麦条锈病严重度和病情指数参照国家标准《小麦条锈病测报技术规范》（GB/T 15795-2011）进行调查；小麦白粉病参照国家农业行业标准《小麦白粉病测报调查规范》（NY/T 613-2002）进行调查；玉米大斑病参照《玉米大、小斑病和玉米螟防治技术规范》（GB/T 23391.2-2009）进行调查。病情严重度测试方面，叶片尺度的病情严重程度主要反映在病菌对叶片正常组织的侵染程度，即病斑的比率，因此通过目视判断病斑在叶片上的覆盖比率作为叶片病情严重度的度量。在完成叶片光谱测量，进行生化参数测量之前首先对每片叶片拍照，由判读者依据照片进行病情程度判断，以缩短叶片放置时间。将病斑比率分为8个区间进行判断，以减小人为判断造成的误差，分别为3%～10%（DI=1），10.1%～20%（DI=2），20.1%～30%（DI=3），30.1%～40%（DI=4），40.1%～50%（DI=5），50.1%～60%（DI=6），60.1%～70%（DI=7），>70%（DI=8）。在所有实验样本中，没有叶片病斑比率超过80%，同时，病斑比率在3%以下亦难以和健康叶片进行区分。

冠层尺度病情指数按病情严重程度分为9个梯度，即0%、1%、10%、20%、30%、45%、60%、80%和100%。通过统计1m²范围内所有小麦叶片的发病程度，可计算病情指数，公式如下：

$$DI(\%) = \frac{\sum(x \times f)}{n \times \sum f} \times 100$$

式中，DI为病情指数，x为各梯度的级值，n为梯度值，f为各梯度的叶片数。另一方面，为对关中平原进行大范围病害预测和监测，该地区长时间的病情信息是必不可少的。在上述调查数据之外，还获得陈仓区、大荔县、扶风县、韩城、合阳县、泾阳县、蓝田县、陇县、眉县、蒲城县、长安区等地2000—2012年部分年份的作物病虫害发生统计数据，为后期模型的构建提供依据。

5.4.2.5 遥感数据获取与处理

（1）遥感数据的获取

遥感监测方面，本书选用能够兼顾时间和空间分辨率的HJCCD影像作为关中地区2012—2014年大范围监测数据源，在每年关键生育期查询并获取覆盖监测区域且无云清晰的影像。另外，针对病害严重发生的局部地区监测订购SPOT-6高分辨率影像。

（2）遥感数据的预处理

对上述遥感数据在ENVI软件中进行辐射定标、大气校正、几何校正、镶嵌、裁剪和掩膜等处理。式中，辐射定标采用下式进行：

$$L = \frac{DN}{a} + L_o$$

式中，L为辐射亮度值，a为绝对定标系数增益，L_0为偏移量。转换后辐射亮度值的单位为$W \cdot m^{-2} \cdot sr^{-1} \cdot \mu m^{-1}$。各波段的增益和偏移量在影像原始头文件中提取。

将影像辐射亮度转换为反射率需要对图像进行大气校正处理。由于在大范围应用中难以获得准确的大气参数，因此本书未采用MODTRAN4等基于辐射传输机理的模型进行大气校正（Kaufman et al，1997），而采用了Liang等（2001）提出的暗物体法（dark object methods）改进算法对影像进行校正。影像的几何校正采用监测区带精确位置信息的历史影像为参考影像进行几何精校正，经检验，每景校正后的影像地理位置误差在0.5个象元以内。

由于部分时相的单景影像无法覆盖整个研究区，需由超过2～3景影像进行拼接以获得研究区覆盖较为完整的图像。本书中采用ENVI软件中的Mosaicing功能对部分图像进行镶嵌。

本书中小麦采用每年小麦生长旺季（5月）和秋苗期（6月）两个时相的影像，以目视解译结合决策树分类方法提取每年小麦种植范围。针对研究区小麦、玉米轮种的特点，在小麦分类基础上，通过一景8月影像监测玉米种植范围。种植范围结果均以50个以上的地面调查点进行验证，精度达到90%以上。

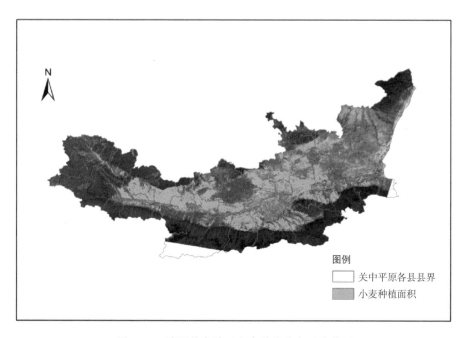

图5-10　陕西关中地区小麦种植分布遥感监测

5.5　近地高光谱遥感监测研究

5.5.1　病害光谱特征分析

病害光谱响应特征的分析是进行病害遥感监测的基础。针对小麦白粉病光谱响应特征，项目在实验数据支持下，通过对健康叶片和不同白粉病染病程度叶片的典型光谱进行观察和分析，进行光谱形态观察，光谱比率、光谱微分等分析。对于白粉病而言，从光谱反射率曲线看（图5-11），健康和染病小麦的光谱存在较明显的差异。随着病情等级的提升（20% ~ 80%），白粉病冠层光谱表现出在350 ~ 700nm的可见光部分波段上反射率升高，在700 ~ 1 350nm的近红外部分反射率开始出现一个交错的趋势，即在1 000nm之前健康小麦的光谱高于染病光谱，而随后往长波长方向上病害光谱反射率开始超过健康小麦，并在后续1 350 ~ 2 500nm的短波红外范围内维持光谱反射率随病害严重度升高而升高的趋势。上述反射率的变化趋势亦可以在图5-11中的光谱比率曲线中被清晰地观察到。图5-11中2 000nm后比率曲线震荡幅度较大，是该波段范围内信噪比降低的缘故，从中可观察到该段范围内光谱的平滑度明显降低。三种病害中，感染白粉病和条锈病植株冠层光谱呈现最为典型的可见光区域反射率升高，近红外区域反射率降低的整体特征，且不同严重度下冠层光谱逐渐偏离健康植株光谱，体现了病害感染对色素和结构的综合影响。感染大斑病植株冠层呈现光谱反射率整体降低的趋势，但近红外光区的光谱相应规律性较弱，特别在病害发生较轻微时。三种病害不同程度的光谱响应规律为后续病害监测提供重要基础和依据。

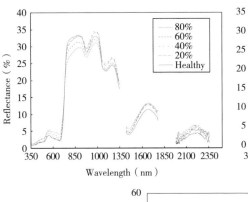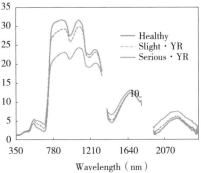

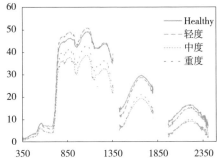

图 5-11　小麦白粉病、条锈病及玉米大斑病典型光谱曲线

（左上图：白粉病；右上图：条锈病；下图为玉米大斑病）

5.5.2　作物病害遥感监测特征构建

作物病害遥感监测特征的构建需要依据一定的原理进行（具体见本书4.1.3章节）。本节根据不同病害程度胁迫下的作物冠层光谱特征，结合病害胁迫下作物冠层光谱的差异特征，根据各个波段和病情指数的相关分析结果，分别在可见光（VIS）和红外（IR）光谱（包括近红外和短波红外波段）范围，选择与病情指数相关性最高的的两个波段用于构建病害监测的多光谱植被指数SI。

$$SI = a \times \frac{VIS_{disease} - VIS_{normal}}{VIS_{normal}} + b \times \frac{IR_{normal} - IR_{disease}}{IR_{normal}}$$

式中，$VIS_{disease}$和VIS_{normal}分别为正常作物和染病作物在可见光波段的平均反射率；$IR_{disease}$和IR_{normal}分别为正常冬小麦和染病冬小麦在红外波段的平均反射率；a，b为式中两部分的权重系数，通过偏最小二乘方法拟合得到。

5.5.3 作物病害监测模型

模型训练前，将各气象评价因子在值域内按照等差原则分为4级作为模糊综合评判模型输入，具体分级标准见表5-4（鉴于前人对于关中平原的划分主要是研究白粉病传播及菌源所在地的差异，而对于条锈病和大斑病未发现相关研究，因此关于后述两种病害发生将从关中平原整片区域上进行研究）。基于2000—2011年病害发生数据和气象数据，对模糊综合评判模型进行标定。

表5-4　研究区冬小麦白粉病评价气象因子分级标准

研究区子区	预报气象因子	划分等级			
		1	2	3	4
秦岭北麓地区	3月日照时间	<141.475	[141.475, 160.65)	[160.65, 179.825)	≥179.825
	3月下旬平均最低气温	≥10.48	[8.61, 10.48)	[6.74, 8.61)	<6.74
	4月平均相对湿度	<48.6	[48.6, 57.83)	[57.83, 67)	≥67
	5月中旬平均温度	≥22.4	[20, 22.4)	[18, 20)	<18
关中东部地区	3月平均降水量	<0.38	[0.38, 0.72)	[0.72, 1.06)	≥1.06
	4月上旬平均最低气温	≥9.69	[7.46, 9.69)	[5.24, 7.46)	<5.24
	4月下旬平均温度	≥19.81	[17.47, 19.81)	[15.11, 17.47)	<15.11
	5月日照时间	<193.35	[193.35, 224.15)	[224.15, 254.95)	≥254.95

表5-5　研究区冬小麦条锈病评价气象因子分级标准

研究区子区	预报气象因子	划分等级			
		1	2	3	4
关中平原地区	3月日照时间	<153.75	[153.75，189.61）	[189.61，225.46）	≥225.46
	3月平均相对湿度	<41.8	[41.8，50.86）	[50.86，59.92）	≥59.92
	5月平均温度	≥22.72	[21.02，22.72）	[19.32，21.02）	<19.32

表5-6　研究区夏玉米大斑病评价气象因子分级标准

研究区子区	预报气象因子	划分等级			
		1	2	3	4
关中平原地区	7月下旬日照时间	<41.52	[41.52，58.32）	[58.32，75.12）	≥75.12
	8月中旬平均相对湿度	<68.76	[68.76，75.68）	[75.68，82.59）	≥82.59
	7月平均最低温度	≥22.56	[21.02，22.56）	[19.47，21.02）	<19.47

通过遥感信息对病害疑似感染区域进行监测往往需要针对病害发生较严重的区域方能得到较好的效果，而理论和实验结果均表明，病害在气象适宜性高的区域中严重发生的可能性较大。因此，与常规病害遥感监测有所不同的是，对病害发生气象适宜性评价结果中适宜性程度高于3级（中度）的区域进行后续遥感监测填图，通过这种方式将病害气象预测和遥感监测两方面有机耦合，且流程设计较简单易于进行系统集成。具体步骤包括制图区域确定，健康区域识别，病害监测遥感指数计算和病害疑似发生区域分级填图。

5.5.3.1　制图范围确定

制图范围分两步确定，首先，将病害发生气象适宜性评价结果中适宜性程度高于3的区域作为制图区域，基于相关县区矢量边界对经过预处理的卫星遥感影像进行裁剪。在此区域中，提取目标作物（小麦或玉米）植范围，并以此范围作为进一步监测和制图的范围。将此范围生产掩膜图层（mask），后续制图在该范围内进行。其中作物种植面积提取一方面可参考已有耕地矢量图等地理资料提取，或根据多时相影像进行分类获得。影像分类可结合应用区域中的土地利用类型数据、地形数据和物候知识（如通过某个特定生育期中目标作物的生长阶段和可能出现的其他作物类型进行作物种植面积提取）等先验知识，采用图像分类方法进行作物种植面积提取。本实例中小麦采用每年小麦生长旺季（5月）和秋苗期（6月）两个时相的影像，以目视解译结合决策树分类方法提取每年小麦种植范围。针对研究区小麦、玉米轮种的特点，在小麦分类基础上，通过一景8月份影像监测玉米种植范围。种植范围结果均以50个以上的地面调查点进行验证，精度达到90%以上。

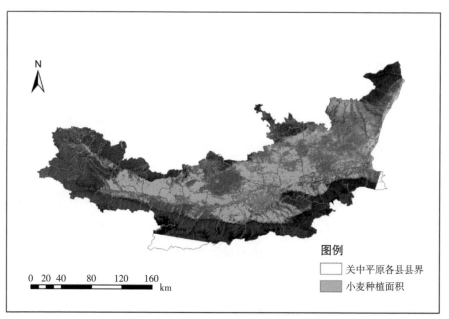

图 5-14　陕西关中地区小麦种植分遥感监测

5.5.3.2　作物健康区域识别

由于图像获取时间差异、大气校正误差等不确定因素，因不同区域不同数据直接计算得到的遥感指数刻度标准不一，难以用于直接监测病害。为此，本方法应用时首先对监测区域中健康生长作物进行识别，以此作为参考，通过相对的光谱差异监测病害。健康生长作物区域划定有两种方法。一方面，可以根据实地调查或在先验知识较丰富时根据经验基于影像进行目视解译判读；另一方面，在先验知识缺乏的区域中，可以通过反映作物整体长势的NDVI统计数值求得。在这种方式下，统计监测区域所有像元的NDVI均值（mean）和标准差（SD），将处于（mean，mean+2SD）范围的像素值划分为健康区域。

5.5.3.3 病害监测遥感指数计算

三种病害监测的遥感指数公式分别根据5.5.2部分所列出的形式构建。

5.5.3.4 病害疑似发生区域分级填图

对上述病害监测特征以阈值分割的方法可得到轻度、中度和重度病害疑似发生区域的填图结果。具体填图过程参考4.2.3.3章节。

5.6 作物病害监测实例

5.6.1 不同传感器通道病害敏感性分析

基于模拟数据（包括原始通道和植被指数），对正常样本和病虫害样本进行独立T检验分析，检测各传感器通道及植被指数识别非正常样本的能力。以独立T检验分析所得到的两组样本间的p-value值作为衡量特征对于非正常样本识别能力的判断，分别采用p值为0.001，0.01和0.05三级阈值划分通道敏感性的显著性水平，越低的p值指示越高的显著性水平。从结果表5-7可以看出，各个传感器的通道对于非正常样本的识别能力较一致，其中Red和NIR通道均表现出一定的识别能力，其中所有传感器的NIR通道均达到极显著水平，具有较好的识别能力，Red通道在不同传感器的表现略有差异，但总体也都达到了"**"以上。而对于植被指数而言，由于其对特定波段反射率进行组合、变换，能够加强正常样本与非正常样本两者之间的差异，所以本文所选择的几种宽波段植被指数在识别非正常样本方面均有较好的表现。这可能是由于Red和NIR通道表现较好，而这些宽波段植被指数大多由这两个波段或者搭配其他波段进行组合、变换而来，从而凸显了这种差异，所以具有较好的识别能力。

表5-7　基于标准四通道传感器模拟数据的原始通道及植被指数识别非正常区域能力评价

SFs	GeoEye	Ikonos	Quickbird	Spot6	HJCCD	高分一号
	Healthy&Diseased					
Four Standare bands						
Blue						
Green				*	*	*
Red	***	**	**	***	**	**
NIR	***	***	***	***	***	***
Broad-band spectral feautres						
TVI	***	***	***	***	***	***
RTVI	***	***	***	***	***	***
SAVI	***	***	***	***	***	***
OSAVI	***	***	***	***	***	***
EVI	***	***	***	***	***	***
VARIgreen	***	***	***	***	***	***
RGR	***	***	***	***	***	***
SR	***	***	***	***	***	***
NDVI	***	***	***	***	***	***
MSR	***	***	***	***	***	***
GNDVI	***	***	***	***	***	***

另三种传感器（Worldview2，Landsat 8，和Rapideye）的通道设置有所差异，其中，Worldview2和Rapideye具有红边通道（Red Edge），Landsat 8具有短波红外通道（SWIR-1和SWIR-2）。首先，这三种传感器传统4波段的病害敏感性与其他传感器一致，Red和NIR通道表现出显著的识别能力。进一步对这些传感器的新增通道响应进行考察，结果显示这些

新增通道中仅个别通道表现出对病害的敏感性，如Worldview2的Yellow通道和Landsat8的SWIR-2通道等，Red通道未表现出明显的响应。

表5-8　基于具有新型通道传感器模拟数据的原始通道及植被指数识别非正常区域能力评价

SD	Woridview2	Landsat 8	Rapideye
		Healthy&Diseased	
Four standard bands			
Blue			
Grean		*	*
Red	***	***	***
NIR	***	***	***
Broad-band spectral feautres			
TVI	***	***	***
RTVI	***	***	***
SAVI	***	***	***
OSAVI	***	***	***
EVI	***	***	***
VARIgrean	***	***	***
RGR	***	***	***
SR	***	***	***
NDVI	***	***	***
MSR	***	***	***
GNOVI	***	***	***
New complementary bands and SFs			
Coastal			
Yellow	**		
Red Edge			
SWIR-1			
SWIR-2		***	
VARlred-edge	***		***
SIWSI			

　　光谱响应考察的整体结果显示多数传感器具有对病害敏感的通道，这或许和传感器波段设置，通道光谱响应存在较高的相似性和一致性有关。

在此基础上，针对农田实际环境下病害监测需求，进一步综合考察传感器的时间和空间分辨率，给出区域作物病害监测传感器选择的两种推荐模式：A大范围初筛普查性监测，指采用大幅宽，中高分辨率，高时间分辨率数据在较大范围内进行病害监测，包括HJ-CCD，高分一号，Landsat8等；B小范围精细定位性病害监测，只采用高空间分辨率数据的精细监测，包括Quickbird，Worldview2，Rapideye等数据。

5.6.2 实例作物病害监测特征

5.6.2.1 冬小麦条锈病多光谱植被指数

为了清楚条锈病对冬小麦生长及发育的为害，同样对灌浆期不同发病程度胁迫下的冬小麦冠层光谱曲线进行比较分析（图5-15），可以看出其和白粉病胁迫下的冬小麦冠层光谱变化趋势较为一致，该机理是条锈病孢子侵染叶片后叶绿素含量减少，水分含量下降，随着条锈孢子堆增厚、面积变大，叶片结构改变，从而引起光谱反射率的变化。条锈病最明显的特征之一是患病植株叶片褪绿、变黄，从光谱曲线来看，在红光区域和近红外区域，不同程度胁迫下的植株冠层光谱曲线差异比较明显。

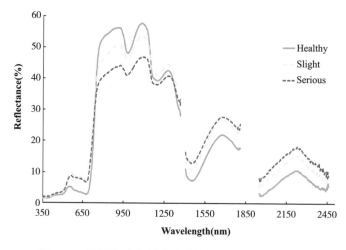

图5-15 不同程度条锈病胁迫的冬小麦冠层光谱曲线

结合图5-15条锈病胁迫下冬小麦冠层光谱的差异，通过相关分析结果，分别在可见光和红外范围选择和条锈病病情指数高度相关的两个波段TM_Green和TM_NIR，构建基于TM传感器监测条锈病病情的多光谱指数YRSI，如式。

$$YRSI = 0.759 \times \frac{Green_{disease} - Green_{normal}}{Green_{normal}} + 0.217 \times \frac{NIR_{normal} - NIR_{disease}}{NIR_{normal}}$$

5.6.2.2　冬小麦白粉病多光谱植被指数

由于在灌浆期白粉病发病程度最为严重，因此选择该生育期分析冬小麦冠层光谱特征。图5-16是不同白粉病严重度胁迫下的冬小麦冠层原始光谱曲线。随着白粉病胁迫程度的增加，大量白粉病孢子侵入叶片内，破坏了叶片细胞，造成体内色素含量减少，从而导致光谱反射率在可见光（350～710nm）区域逐渐升高（图5-17）；另一方面，在病害盛期，叶片白色霉点逐渐扩大并相关联合成长为椭圆形的较大霉斑，影响植株光合作用和水分含量、植株失绿，从而在近红外（780～1 110nm）和短波红外（1 110～2 500nm）范围光谱反射率分别呈现降低和升高的趋势。

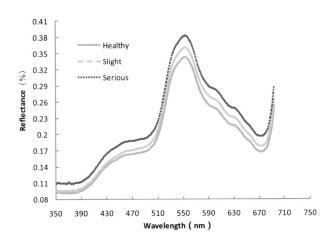

图5-16　不同白粉病严重度胁迫下的冬小麦冠层光谱曲线

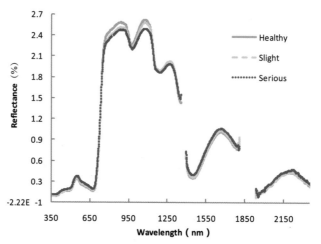

图 5-17　不同白粉病严重度胁迫下可见光范围内冬小麦冠层光谱曲线

结合上述病情植被指数构建的方法，分别在可见光和红外范围选择与病情指数相关性较高的红波段/TM_Red（R^2=0.4855）和近红外波段/TM_NIR（R^2=0.3385），构建基于TM传感器监测白粉病严重度的多光谱指数PMSI，如下式。

$$PMSI = 0.6225 \times \frac{Red_{disease} - Red_{normal}}{Red_{normal}} + 0.5856 \times \frac{NIR_{normal} - NIR_{disease}}{NIR_{normal}}$$

5.6.2.3　夏玉米大斑病多光谱植被指数

图5-18是不同大斑病严重度胁迫下的夏玉米冠层光谱曲线。随着病害胁迫程度的增加，冠层光谱反射率逐渐降低，其和上述两种病害胁迫下的冬小麦冠层光谱曲线存在很大的差异。患病植株的叶片病斑主要表现为萎蔫斑，初为椭圆形、黄色或青灰色的水渍状小斑点，逐渐沿叶脉扩大成长梭形，一般长5~10cm，宽1cm左右。有的长可达15~20cm，宽可达2~3cm，后期变为青色或黄褐色。

结合图5-18大斑病胁迫下夏玉米冠层光谱差异，通过相关分析的结果，分别在可见光和红外范围选择和夏玉米大斑病病情指数高度相关的两个波段TM_Blue和TM_Red，构建基于TM多光谱传感器监测夏玉米大斑病病情的多光谱指数DBSI，如下式。

$$DBSI = \frac{Blue_{disease} - Blue_{normal}}{Blue_{normal}} + \frac{Red_{normal} - Red_{disease}}{Red_{normal}}$$

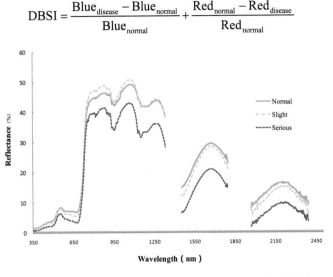

图5-18　不同大斑病严重度胁迫下的夏玉米冠层光谱曲线

5.6.3　作物气象适宜性范围

　　根据2000—2011年长时间植保、气象数据对模型进行标定，对2012—2014年陕西关中地区的小麦白粉病、条锈病和玉米大斑病气象适宜性进行评价。小麦白粉病模型预测适宜性的空间分布如图5-19，图5-20，图5-21所示，2012和2013年关中地区小麦白粉病发病程度较低，中度发病地区有眉县、合阳县、长安县和蓝田县，其他地区发病程度均为中度以下；2014年小麦白粉病发生较为严重的地区有华县和潼关县。小麦条锈病模型预测适宜性的空间分布如图5-19，图5-20，图5-21所示，2012年关中地区小麦条锈病西部发病程度较高；2013年关中地区小麦条锈病很少发生，只有极少数地区发病程度为轻度，其他地区均未染病；2014年关中地区小麦条锈病重度发病区域的有华县和潼关县，中度发病区域的有眉县、户县、合阳县、华阳市。

　　玉米大斑病模型预测适宜性的空间分布如图5-19，图5-20所示。2012年，玉米大斑病的发生较为严重的区域有陇县、宝鸡县、眉县、合阳县。陇县、宝鸡县、眉县位于陕西关中平原西部，合阳县位于陕西关中平原东部；2013年，玉米大斑病主要发生在关中西部地区，其中最为严重的区域是眉县。

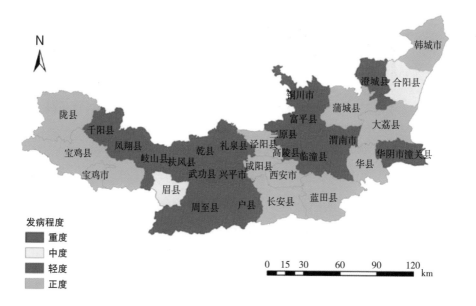

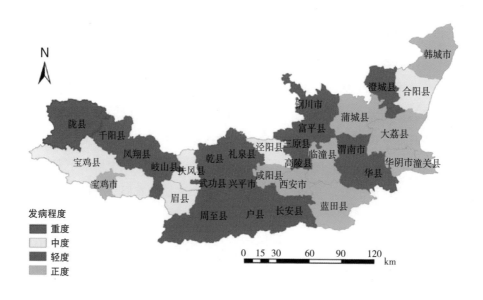

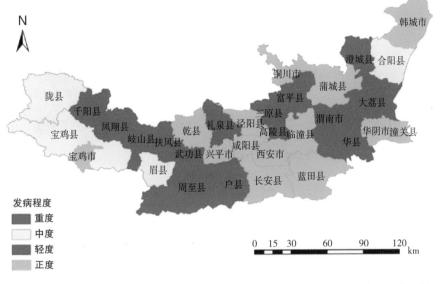

N

发病程度
- 重度
- 中度
- 轻度
- 正度

0　15　30　　60　　　90　　　120
km

图 5-19　关中平原地区2012年冬小麦白粉病、条锈病和玉米大斑病气象适宜发生情况

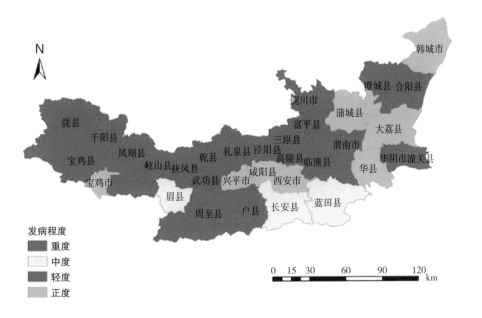

N

发病程度
- 重度
- 中度
- 轻度
- 正度

0　15　30　　60　　　90　　　120
km

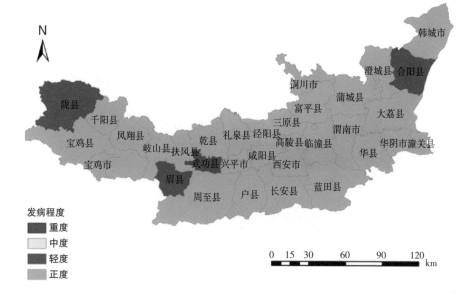

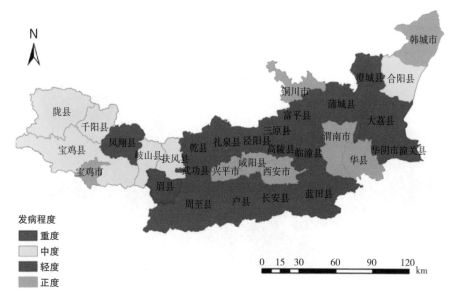

图 5-20　关中平原地区2013年冬小麦白粉病、条锈病和玉米大斑病气象适宜发生情况

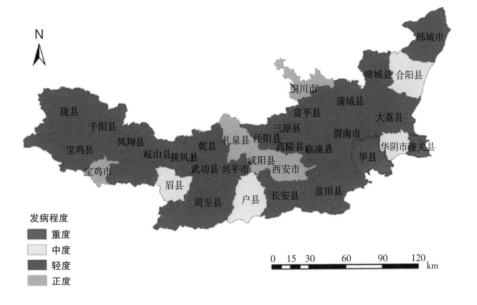

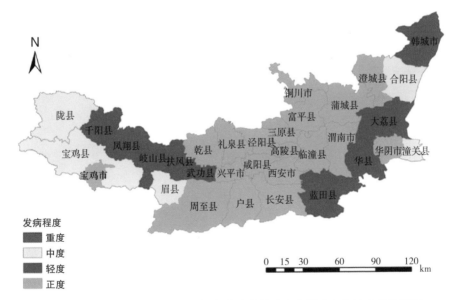

图 5-21　关中平原地区2014年冬小麦白粉病和条锈病气象适宜发生情况

5.6.4 遥感信息监测结果

图5-22为根据上述方法对2012—2014年陕西关中地区3种病害进行监测的结果。

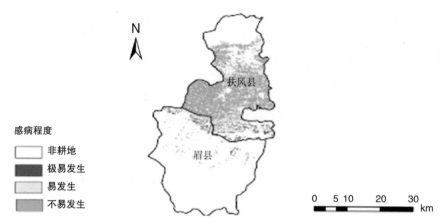

感病程度

☐ 非耕地
■ 极易发生
▨ 易发生
▧ 不易发生

图5-22 结合气象数据的2013年冬小麦条锈病病遥感监测（扶风—眉县）

表5-9 2012年小麦条锈病疑似发生面积（扶风—眉县）

病害程度	发病面积（m²）	发病面积比例（%）
次轻	352 524 600	22.510
轻	136 800	0.009
中	900	0.000 057
重	34 151 400	2.181

从图5-22看出，2013年条锈病极易发生在扶风县和眉县交界处。扶风县发病率高，眉县发生甚少。表5-9中统计得知，2013年条锈病发生的程度较轻、次轻和轻度发生之和是22.519%，而中度和重度发生面积之和为34 152 300m²。

图5-23　结合气象数据的2013年冬小麦条锈病遥感监测图（泾阳县）

表5-10　2013年小麦条锈病疑似发生面积（泾阳县）

病害程度	发病面积（m²）	发病面积比例（%）
次轻	237 071 700	31.251
轻	26 172 900	3.450
中	900	0.000 119
重	0	0

　　从图5-23可以看出，2013年小麦条锈在泾阳县大面积都有发生，其南部发病率较高。表5-10统计看出，该地区发病程度较轻，中度和重度发病面积小，并且重度程度为0。

图5-24　结合气象数据的2013年冬小麦条锈病遥感监测（陇县—宝鸡县）

表5–11　2012年小麦条锈病疑似发生面积（陇县—宝鸡县）

病害程度	发病面积（m²）	发病面积比例（%）
次轻	281 921 400	5.273 8
轻	2 933 100	0.054 9
中	900	0.000 017
重	0	0

从图5-24可以看出，2013年小麦条锈病主要发生在陇县和宝鸡县的东南角，宝鸡县发病程度明显高于陇县。从表5-11统计看出，发病面积占总面积的5.3287%。

图5–25　结合气象数据的2013年小麦白粉病遥感监测（长安—蓝田）

表5–12　2013年小麦白粉病疑似发生面积（长安—蓝田）

病害程度	发病面积（m²）	发病面积比例（%）
轻	53 649 000	1.539
中	305 667 000	8.770
重	105 300	0.003 02

从图5-25可以看出，2013年小麦白粉病主要发生在长安县和蓝田县的北部地区。从表5-12统计看出，中度疑似发面积占总发病面积比例最大。

图5-26 结合气象数据的2013年小麦白粉病遥感监测（眉县）

表5-13 2013年小麦白粉病疑似发生面积（眉县）

病害程度	发病面积（m²）	发病面积比例（%）
次轻	17 766 900	2.127
轻	1 941 300	0.232
中	8 100	0.001
重	0	0

从图5-26可以看出，2013年小麦白粉病在眉县北部出现轻度疑似。从表5-13统计看出总的发病面积占的总耕地面积较少，百分比是2.36%，并且中度程度仅有0.001%，发病面积为8 100㎡。

图5-27 结合气象数据的2013年夏玉米大斑病遥感监测（陇县—宝鸡—眉县）

表5-13　2013年夏玉米大斑病疑似发生面积（陇县—宝鸡—眉县）

病害程度	发病面积（m²）	发病面积比例（%）
次轻	749 468 700	8.592
轻	120 444 300	1.381
中	3 384 900	0.038 9
重	0	0

从图5-27可以看出，2013年玉米大斑病在陇县、宝鸡县、眉县及其周边地区都有发生，扶风县和宝鸡县疑发病率较高。从表5-13统计看出，发生面积最多的是疑似次轻，占总耕种面积的8.592%。

5.6.5　精度验证

5.6.5.1　精度要求

进行作物病害监测，需要满足表5-14中的一些基本精度要求。

表5-14　精度要求

序号	约束性指标	精度要求（%）	达到精度（%）	评价方法	精度验证频次
1	病虫害监测评估精度	85	89	采用实际测试数据进行模型分层次评价	3

5.6.5.2　精度验证数据

光谱特征模型部分采用1套包含2013年生长季小麦病害与正常样本28个调查样点的冠层光谱及白粉病严重度调查的数据；除此之外，采用一套京郊地区白粉病发生现场的星—地配套调查数据（n=18）对该特征效果进行评价。气象适宜性评价模型的精度评价采用陕西关中地区多区县2012年植保调查数据进行，共包含33个样本记录。影像监测制图部分采用2013年陕西关中眉县4—5月小麦白粉病爆发现场的星地同步数据（图5-28），包括35个地面调查点（其中17个为病害发生统计点）和一景同时期的

SPOT-6高分辨率影像（多光谱6m，全色1.5m）。监测和调查区域分布在眉县两个小麦连片种植的区域中（图5-29）。

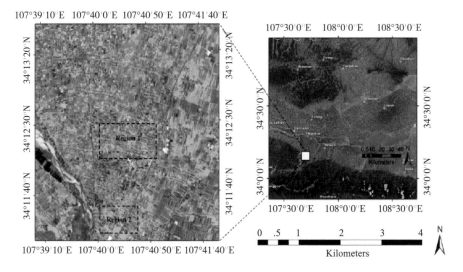

图5-28　2013年陕西眉县地区研究区位置示意

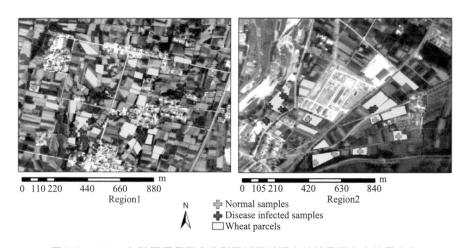

图5-29　2013年陕西眉县两个典型区域区域调查地块及调查点位置示意

5.6.5.3　精度评价结果

光谱特征模型部分，基于验证数据，根据光谱数据模拟宽波段反射率，并计算白粉病多光谱指数PMSI，与实际调查病情严重度对比进行精度验证。气象适宜性评价模型部分，将基于陕西关中地区多区县2000—

2011年植保调查数据和气象数据建立三种病害的气象适宜性评价模型与2012年关中地区各区县植保调查数据对比的方式进行精度评价。影像监测制图部分精度将监测模型生成的病害监测制图结果与实际调查结果进行对比分析计算精度。

（1）基于地面光谱及星地同步数据的病害遥感监测评价

基于冠层光谱测试数据的评价结果显示，该指数特征与病情指数间存在较高的线性相关（R^2=0.50，n=28），因此具有反映白粉病程度的潜力（图5-30）。此外，利用2010年京郊地区的星—地配套调查数据对该特征效果进行评价（图5-31）。基于该数据建立的回归模型对病情严重度估测结果表明，在实际的大田环境下，利用影像反射率估测的病情严重度与实际调查结果间均方根误差为0.13，R^2达到0.47，可以较好地在冠层尺度上监测白粉病的发生程度。该指数采用正常和胁迫样本对比的方式，能够在一定程度上减弱大气校正误差带来的影响，从而使其具有更高的鲁棒性。

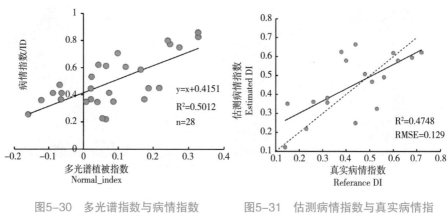

图5-30　多光谱指数与病情指数　　　图5-31　估测病情指数与真实病情指
　　　　　间散点　　　　　　　　　　　　　　数间散点

（2）区域病害生境适宜性分析的精度评价

表5-15从定量角度给出基于综合评判模型上述3种病害发生气象适宜评价结果，从中可以看出，通过模糊综合评判模型的验证结果其总体精度OAA和K系数分别达到0.85和0.76。同时看出在2012年三种病害33个验证

样本中，15个正常样本、5个轻度、7个中度和1个重度发生的样本气象评价结果和实测结果相吻合，剩余5个样本评价结果有一定的偏差。但是针对病害发生程度等级划分模糊性特点采用的模糊预报模型，对于不能正确评价的样本，评价结果和实测结果仍比较接近（均相差一个等级），这种评价效果对于病害的防控具有积极的意义。

由图5-32可以看出，2012年冬小麦白粉病轻度流行，分析气象数据发现，2012年整个关中平原地区各评价气象因子空间分布不能在同一时期为孢子萌发提供适宜的环境，继而减弱了病情的发生程度。且2012年11区县白粉病病害气象适宜评价发生情况与实测情况吻合率达到100%，病害发生较严重的冬小麦条锈病和夏玉米大斑病，气象评价发生结果（图5-33，图5-34）会发生一定的偏差，这主要是因为本章是从气象角度对关中平原地区冬小麦、夏玉米病害发生的气象适宜性进行评价，气象数据尺度过大，缺乏加密站点数据，从而造成空间化后的气象数据和真实气象数据存在偏差，另外从病害流行学角度看，病害的发生是菌源，寄主和气象条件三种因素共同作用的结果，因此当气象因子适合某种特定病害发生的年份，基于单一气象数据支持的综合评判模型的评价结果会出现一定的偏差。

表5-15　基于模糊综合评判模型验证的混淆矩阵

		真实值					使用精度	总体精度	Kappa系数
正常		轻度	中度	重度	总和				
	正常	15	2	0	0	17	88.24	0.85	0.76
	轻度	1	5	1	0	7	71.43		
预测值	中度	0	1	7	0	8	87.50		
	重度	0	0	0	1	1	100.00		
	总和	16	8	8	1	33			
	生产精度	93.75	62.50	87.50	100.00				

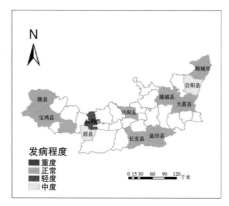
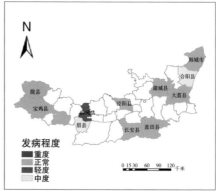

图5-32　关中平原11区县2012年冬小麦白粉病气象适宜发生情况及实测

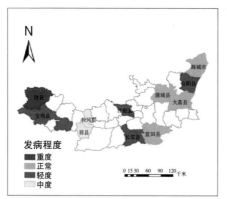
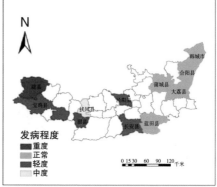

图5-33　中平原地区2012年冬小麦条锈病气象适宜发生情况及实测

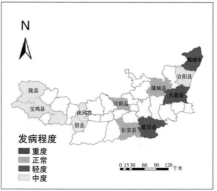

图5-34　关中平原地区2012年冬夏玉米大斑病气象适宜发生情况及实测

（3）基于高分辨率卫星遥感数据的病害疑似感染区域监测评价

将经过预处理的SPOT6影像反射率数据用于计算PMSI指数（图5-35），并按5.3部分中介绍方法得到眉县局地区域中的病害疑似发生区域填图（图5-36）。经与地面调查结果对照，总体精度为89%，其中正常样点错判2个，染病样点错判2个。在该地区采用相同的实验数据，基于传统方法进行白粉病遥感监测，遥感特征采用在光谱分析中对白粉病较敏感的NDVI和TVI，得到78%的精度。上述对比结果表明，本研究中基于光谱相对差异的监测结果较传统方法有11%的提高幅度。上述小范围星地数据验证结果表明，本研究提出的模型和方法应用于区域病害监测方面能够达到较高的精度。

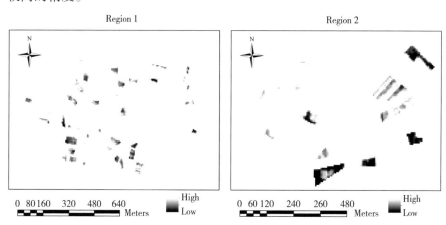

图5-35　监测区域PMSI指数分布

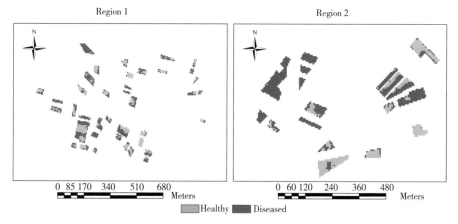

图5-36　监测区域白粉病监测结果

通过在光谱特征模型、气象适宜性模型和遥感监测制图方法三个层次上对本研究提出的区域尺度病害监测制图精度进行评价，由于提出的方法有效结合了除遥感信息外的气象和植保信息，模型精度相比传统方法有所提高，达到预期精度。

5.7 结论

本研究经过对区域病害遥感监测问题的详细研究，得到下述结论。

①关于作物病害遥感监测的数据源选择技术的研究能够评价和比较不同遥感传感器和波段对特定病害的响应情况，并结合病害发生时空特点给出数据源选择建议。②基于宽波段影像构建不同作物病害遥感监测特征，该技术能够实现从常用的宽波段影像中提取对特定病害类型敏感的光谱特征，为病害监测制图提供基础。③发展了综合多源信息的区域作物病害监测模型，该技术能够综合遥感和气象两种具有互补特点的信息，实现区域病害疑似发生区域的监测和制图，精度和可靠性相比传统方法均有显著提高。

参考文献

曹世勤，金社林，段霞瑜，等.2011.甘肃中部麦区小麦条锈病菌越夏调查及品质抗性变异监测结果初报[J].植物保护，37（3）：133-138.

曾怀恩，黄声享.2007.基于Kriging方法的空间数据插值研究[J].测绘工程，16（5）：5-13.

陈利，林辉，孙华，等.2013.基于决策树分类的森林信息提取研究[J].中南林业科技大学学报，33（1）：46-51.

陈万权，康振生，马占鸿，等.2013.中国小麦条锈病综合治理理论与实践[J].中国农业科学，46（20）：4 254-4 262.

樊子德，李佳霖，邓敏.2016.顾及多因素影响的自适应反距离加权插值方法[J].武汉大学学报（信息科学版），41（6）：842-847.

高歌，龚乐冰，赵珊珊，等.2007.日降水量空间插值方法研究[J].应用气象学报，18（5）：732-736.

何中虎，兰彩霞，陈新民，等.2011.小麦条锈病和白粉病成株抗性研究进展与展望[J].中国农业科学，44（11）：2 193-2 215.

霍治国，陈林，刘万才，等.2002.中国小麦白粉病发生地域分布的气候分区[J].生态学报，22（11）：1 873-1 881.

李波，李婷，王铁良，等.2016.土壤水分对玉米叶绿素荧光指标的影响研究[J].中国农村水利水电（3）：14-22.

李海春，傅俊范，王新一，等.2005.玉米大斑病病情发展及病斑扩展时间动态模型的研究[J].南京农业大学学报，28（4）：50-54.

李莎，舒红，徐正全.2012.利用时空Kriging进行气温插值研究[J].武汉大学学报（信息科学版），37（2）：237-241.

李伟，李庆祥，江志红.2007.用Kriging方法对中国历史气温数据插值可行性讨论[J].南京气象学院学报，30（2）：246-252.

李振岐，曾士迈.2002.中国小麦锈病[M].北京：中国农业出版社.

李振岐，刘汉文.1956.陕、甘、青小麦条锈病发生规律之初步研究[J].西北农学院学报（4）：1-18.

李镇，张岩，杨松，等.2014.QuickBird影像目视解译法提取切沟形态参数的精度分析[J].农业工程学报，30（20）：179-186.

刘峰.2004.应用Kriging算法实现气象资料空间内插[J].气象科技，32（2）：110-115.

刘晓娜，封志明，姜鲁光.2013.基于决策树分类的橡胶林地遥感识别[J].农业工程学报，29（24）：163-172.

潘彩霞，徐立，李兵，等.2010.玉米小斑病的危害和防治[J].中国农村小康科技（12）：54-55.

潘琛，杜培军，张海荣.2008.决策树分类法及其在遥感图像处理中的应用[J].测绘科学，33（1）：208-211.

彭思岭.2010.气象要素时空插值方法研究[D].长沙：中南大学.

檀尊社，游福欣，陈润玲，等.2003.夏玉米小斑病发生规律研究[J].河南科技大学学报（农学版），23（2）：62-64.

田永超，朱艳，曹卫星，等.2004.小麦冠层反射光谱与植株水分状况的关系[J].应用生态学报，15（11）：2 072-2 076.

王娟，郑国清.2010.夏玉米冠层反射光谱与植株水分状况的关系[J].玉米科学，18（5）：86-89.

王良发，张守林，徐国举，等.2014.玉米小斑病流行特点及防治技术综述[J].安徽农学通报（19）：43-45.

王淑霞.2014.玉米大小斑病的综合防治技术[J].中国农业信息，（3S）：137.

王志伟，史健宗，岳广阳，等.2013.玉树地区融合决策树方法的面向对象植被分类[J].草业学报，22（5）：62-71.

王志伟，张东霞，马雅丽，等.2010.山西省冬小麦主要病虫害气象等级预报模型[J].中国农学通报，26（11）：267-271.

魏凤英，曹鸿兴.1994.我国月降水和气温网格点资料的处理和分析[J].气象，20（10）：26-30.

杨博，刘义.2008.农业遥感影像目视解译技术要点[J].现代化农业（4）：37-39.

赵桂东，刘荆，陆化森，等.1995.夏玉米大斑病发生规律及影响病害消长因素的研究[J].玉米科学（2）：79-80.

赵桂东，刘荆，朱海波，等.1996.夏玉米大、小斑病发生规律及防治技术[J].玉米科技（1）：74-75.

郑秋红，杨霏云，朱玉洁.2013.小麦白粉病发生气象条件和气象预报研究进展[J].中国农业气象，34（3）：358-365.

郑永骏，金之雁.2008.对偶Kriging插值方法在气象资料分析中的应用[J].应用气象学报，19（2）：201-208.

Fried M A，Brodeley C E. 1997. Decision tree classification of land cover from remotely sensed data[J]. Remote Sensing of Environment, 61（3）: 399-409.

Kaufman Y J, Wald A E, Remer L A, et al. 1997. The MODIS 2.1-μm channel-correlation with visible reflectance for use in remote sensing of aerosol[J]. IEEE Transactions on Geoscience and Remote Sensing, 35（5）: 1 286-1 298.

Koike K, Matsuda S, Gu B. 2001. Ecaluation of interpolation accuracy of neural Kriging with application to Temperature-distribution Analysis[J]. Mathematical Geology, 33（4）: 421-448.

Liang S, Fang H, Chen M. 2001. Atmospheric correction of landsat ETM+ land surface imagery-Part1: Methods[J]. IEEE Transactions on Geoscience and Remote Sensing, 39（11）: 2 490-2 498.

Lu Y M, Lan C X, Liang S S, et al. 2009. QTL mapping for adult-plant resisitence to stripe rust in Italian common wheat culticars Libellula and Strampelli[J]. Theoretical and Applied Genetics, 119: 1 349-1 359.

McIver D K, Friedl M A. 2002. Using prior probabilities in decision-tree classification of remotely sensed data[J]. Remote Sensing of Environment, 81（2-3）: 253-261.

Rouhani S, Hall T J. 1989. Space-Time Kriging of Ground Water Data[C]// Geostatistics Avignon, 4: 639-650.

Singh R P, Huerta-Espino J, Rajaram S. 2000. Achieving near-immunity to leaf and stripe rusts in wheat by combining slow rusting resistance genes[J]. Acta Phytopathologica et Entomologica Hungarica Hungary, 35: 133-139.

Wan A M, Zhao Z H, Chen X M, et al. 2004. Wheat stripe rust epidemic and virulence of *Puccinia striiformis* f. sp. Tritici in China in 2002[J]. Plant Disease, 88（8）: 896-904.

作物病害预测研究及实例

6.1 病害分区

　　该书实例中所涉及的方法主要包括判定环境因子相似性的除趋势对应分析（DCA分析）和聚类分析。此两类数据分析方法都是基于距离远近的聚类方法，可以以直观的方式展示研究对象间的相似程度。

　　除趋势对应分析：即DCA分析，是常用的排序方法之一，主要用来研究群落与环境的生态关系和植物群落内部的生态关系，主要是在相互平均法（RA）基础上发展起来的。DCA排序过程是以任意样方排序为初始值，通过加权平均求种类排序值，再通过种类排序求样方排序新值，由新值再求种类排序，如此反复进行种类排序和样方排序直到收敛于一个稳定值而获得最终排序结果。排序结果为二维轴上的散点分布图，排序空间上距离的远近可以反映样本的相似程度，聚集在一起的样本间具有很强的同质性。

　　聚类分析（cluster analysis）：聚类分析是一种对样本进行分类的多元统计分析方法，主要包括系统聚类分析法、动态聚类分析法和模糊聚类分析法等，其中系统聚类分析法应用最为广泛。系统聚类分析方法是指在样品距离的基础上定义类与类的距离，首先将各个样品自成一类，然后每次将具有最小距离的两个类合并，合并后再重新计算类与类之间的距离，再并类，这个过程一直持续到所有的样品都归为一类为止。本研究中选用了最远距离法对样本进行聚类，最远距离法的聚类原理如下。

定义 p 与 q 之间的距离为两类最远样品的距离，设类 p 与 q 合并成一个新类，记作 k，则 k 与任意一类 r 的距离是

$$d_{rk} = \max\{d_{pk}, d_{qk}\}(k \neq p, q)$$

在原来的 m×m 距离矩阵的非对角元素中找出，把分类对象 G_p 和 G_q 归并为一新类 G_r，然后按公式计算原来各类与新类之间的距离，这样就得到一个新的（m-1）阶的距离矩阵，再从新的距离矩阵中选出最小者 d_{ij}，把 G_i 和 G_j 归并成新类，再计算各类与新类的距离，直至各分类对象被归为一类为止。聚类分析的输入量为分类样本的各项参数，分析结果为聚类树状图。

6.2　数据整理

数据整理主要包括历史发病数据和对应气象数据的整理。历史数据主要是指该地区的病害数据，而气象数据则是对应发病时期的气象条件。

6.3　作物病害预测模型构建

通过总结分析条锈病历史发病数据与相应年份气象数据，构建病害预测专家系统是目前常用的病害预测方法之一。该方法主要通过筛选与病害发生关系密切的因子，遍历所有环境条件组合，在对历史发病数据汇总统计的基础上，将每种条件组合与发病等级建立一一对应关系，并最终形成专家知识库用以对未来病害发生情况的预测。构建专家系统主要包括筛选

预测因子、确定影响因子阈值、遍历条件组合、基于历史发病数据和气象数据模型训练并确定各种条件组合下病害发生等级。

6.3.1 预测因子筛选

要完成对病害的预测首先需要确定预测模型的预测因子，预测因子为与条锈病发生关系密切，决定或显著影响条锈病发生的外在条件及自身特点。病害的发生是作物、病原、环境三者共同作用的结果，作物的抗病性和病原的致病力是一个协同进化的过程，两者间的关系决定条锈病能否发生及发生的严重度。由于小麦品种选育是一种人工干预过程，在选育过程中品种抗条锈病性是一个重要指标，但仍需要考虑抗旱抗倒伏等其他因素，因此选育出来的品系可能并非是抗条锈病能力最好的品系。并且育种年限较长，往往滞后于条锈病病原小种的变异速度，这就使得小麦品种在与条锈病病原小种的协同进化中处于劣势。研究发现，2002年条锈病大流行的重要原因之一就是"条中32"成为条锈病流行过程中的优势小种，致使陕西、甘肃等地的主栽品种抗性丧失。鉴于此，该研究中将不考虑小麦品种及病原小种种类对病害的影响作用，预测结果为基于感病品种的发病等级。至此，条锈病的预测因子简化为菌源和环境因素。菌源因素主要包括菌源量和菌源分布两个方面，其中越冬菌源地相对固定，菌源分布变化不大；菌源量年际变化大，这也是造成条锈病年际发病等级差异的原因之一，春季菌源量是影响条锈病春季流行的重要原因，影响春季菌源量的因素主要包括秋苗侵染情况和冬季气象条件。环境条件主要包括冬季和早春的气象条件，冬季气象条件主要影响越冬菌源地条锈病病原的越冬情况，主要指标有最冷月（1月）月/旬均温度、年度最低温、降雪量、积雪覆盖天数、第一场雪日期等。早春的气象条件是影响条锈病春季流行的最为直接的因素，早春的温度情况可以影响条锈病病原孢子的复苏，湿度是影响条锈病再侵染的重要影响因素，春季的风力风向也可以在一定程度上影响条锈病的传播过程。目前，研究者常用到的指标包括3—5的月/旬均气温、3—5月的月/旬均降水量、第一场透墒雨到来的时间、风力风向等。

在本研究中，依据气象站点记录的气象数据和搜集到的病害发病数据，通过筛选后确定了秋苗发病情况、1月积雪天数、1月日均温低于-7℃的天数、预测时旬均温度、预测时旬降水量、预测时Ⅰ区发病情况、预测时Ⅱ、Ⅳ区发病情况和预测时本地发病情况。其中，秋苗发病情况、1月积雪天数、1月日均温低于-7℃的天数是对于越冬菌源量的预测因子，预测时旬均温度、预测时旬降水量是指距离预测最近一旬的相应参数，是进行春季条锈病流行的预测因子。

　　由于不同分区间在条锈病流行中的作用以及各自的发病规律各不相同，因此需要针对每个分区分别构建一个预测模型。5个一级分区中Ⅰ区为条锈病菌源越冬区，构建病害预测模型时需要考虑秋苗侵染情况、冬季气象条件及春季预测时的气象条件等因子；Ⅱ区受侵染秋苗可部分越冬成为来年春季流行的菌源，同时也受Ⅰ区菌源的影响，因此在构建病害预测模型时除了需要考虑秋苗发病情况、冬季气象条件和春季气象条件外，还需要参考预测时Ⅰ区的发病情况。例如，某年陕南冬季条件对条锈病越冬十分不利，但来年春季预测时Ⅰ区发病较重，则Ⅲ区春季流行的风险仍然很大，如果气象条件适宜，模型将给出重或偏重发生的预测结果；Ⅱ、Ⅳ区内条锈病菌很难越冬，菌源主要受Ⅰ区菌源的影响，因此构建病害预测模型时需要考虑Ⅱ、Ⅳ区春季气象条件和预测时Ⅰ区的发病情况；Ⅳ区位于研究区域的东北端，构建模型时增加预测时Ⅱ、Ⅳ区发病情况这一因子。此外，如果预测时有本地目前条锈病发病的调查数据，输入该参数后将提高模型的预测精度。4类模型所需考虑的影响因子汇总如表6-1。

表6-1　各模型所涉及的影响因子列表

影响因子	模型1	模型2	模型3	模型4
秋苗发病情况（Ⅰ）	√	√		
1月积雪天数（天）	√	√		
1月日均温低于-7℃的天数（天）	√	√		
预测时旬均温度（℃）	√	√	√	√
预测时旬降水量（mm）	√	√	√	√
预测时Ⅰ区发病情况（Ⅰ）		√	√	√

影响因子	模型1	模型2	模型3	模型4
预测时II、IV区发病情况（I）				√
预测时本地发病情况（I）	非必须参数，输入该参数会提高预测精度			

注：I为病情指数，是病叶率和平均严重度的乘积；若预测时I区发病情况的调查数据不具备，可以利用模型1预测的结果代替

6.3.2 影响因子阈值确定

通过对条锈病冬季越冬和春季流行的研究，确定了各影响因子的阈值，其中，降雨绝对量会被系统自动转化为距平百分比，各影响因子的阈值如表6-2所示。

表6-2 各因子的阈值及对发病等级的影响

因子	范围	对发病的影响	因子	范围	对发病的影响
发病情况（I）	0	–	预测时旬均温度（℃）	5～20	++
	0～5	+		–2～5	+
	5～10	++		<–2	–
	>10	+++		>20	–
1月积雪天数（天）	0～5	–	预测时旬降水量距平百分比（%）	<–20	–
	5～10	+		>20	+
	>10	++		–20～20	
1月日均温低于–7℃的天数（天）	0～5	+			
	5～10	–			
	>10	–			

注：表中"+"表示对病害发生起促进作用，"–"表示对病害发生起抑制作用

6.3.3 遍历条件组合

遍历条件组合过程即对所有可能的条件组合进行穷举，例如某模型共有4个预测因子，4个因子对应的取值区段分别为a、b、c和d，则利用穷举法进行遍历时的条件组合共有a*b*c*d种。条件组合可能非常多，此过程在系统设计时使计算机自动创建组合，我们需要做的只是将预测因子和预测因子的各阈值输入模型即可。

6.3.4 病害预测模型

病害预测模型则是一种模拟专家决策过程的一类计算机程序，可以形成以逻辑判断为基础的病害预测规则。

条锈病预测专家系统

条锈病预测专家系统是一个模拟专家解决问题的计算机程序，内含大量专家知识和专家经验，并基于此完成对病害发生等级的预测，是一种非线性的预测方法。一个完整的专家系统的组成如图6-1所示，主要包括知识库及案例库、推理机、用户界面三部分。知识库案例库中分别储存大量专家知识和历史实际案例，用以作为推理机进行推理预测的依据，专家知识的获取往往通过专家咨询和查阅文献方式获得，实际案例则需要长期的系统观测获取；推理机模块主要由各类推理原则和推理规则组成，在编程过程中通过大量的条件判断语句实现，该模块是整个专家系统的"大脑"，负责对用户输入的数据进行分析并基于推理规则进行推理判断，最终得出预测结果并对预测结果做出合理解释；用户界面模块是专家系统与用户交互部分，用户预测因子的输入和预测结果显示都是通过该模块实现。专家系统的预测结果在进行验证后可以作为新的案例整合进入案例库，这会使得案例库越来越详细充实，预测精度也会相应的提高，即实现系统的"自学习"功能。

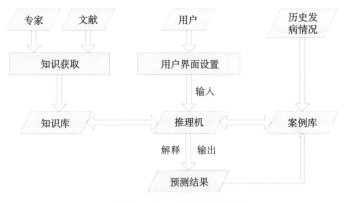

图6-1 专家系统结构示意

6.4　作物病害预测精度评价

将历史数据分为两部分：一部分作为训练样本，另一部分作为验证样本。通过训练样本构建模型，然后用模型对验证样本作出预测。对比预测结果与实际发病情况而得出最终的预测精度。

6.4.1　专家系统预测

通过各市所属的病害发生程度分区确定应该使用的预测模型，整理获取的气象数据和市级发病数据，从而得出符合模型需要的各项参数值，将参数按照系统提示输入系统，系统会通过模型训练形成的逻辑判断规则进行自动分析，并通过柱形图和饼形图的形式展示给用户。

6.4.2　获取预测精度

通过对比病害预测结果和病害实际发生情况，统计准确预测的数量。准确预测的数量与总预测数量的比值即为模型的预测精度。

6.5　作物病害预测实例——以冬小麦白粉病和夏玉米大、小斑病为例

6.5.1　研究目标

本书实验以提高我国旱区小麦锈病和白粉病监测、预警、预报、评估水平为目标，解决当前监测预警技术不能满足国家对农业灾害监测评估的需求，促进以遥感空间信息技术为核心的产业化为目标，开展多遥感平台集成的农田信息协同获取和作物精准监测关键技术研究，突破农业灾害监测评价的技术瓶颈。

其目的是为了实现作物病害大区域尺度的预测，目前作物病害预测研

究多数是针对县市级进行预测，未考虑地域间的相互作用。本研究在陕甘宁三省（区）区域尺度对作物病害发病情况进行预测，可与大范围的病害遥感监测相配合，以遥感监测结果作为数据源，结合地面气象站点数据利用地理信息系统等空间处理方法实现气象因子空间化，最终实现作物病害监测的时空连续监测。大区域范围的预测具有更好的病害预测业务化应用潜力。研究区域每年病害都有发生，且在流行年份发病较重，影响粮食产量。基于预测结果对病害进行提前预防可以大大降低作物病害对粮食产量的影响，也是实施"预防为主、综合防治"植保方针的根本保证。目前研究区域中尤其是关中西部地区通过常年的总结和积累形成了"一喷三防"等固定且卓有成效的病害防治方法。"一喷三防"是指在小麦生长期使用杀菌剂、杀虫剂、植物生长调节剂、叶面肥、微肥等混配剂喷雾，达到防病虫害、防干热风和防倒伏的小麦生产关键技术。该方法要求农户在春季无论作物病害是否发生的情况下都喷施杀菌剂进行预防，这样不仅增加了防治成本，而且污染环境破坏农田生态。此外，常年使用杀菌剂可能会导致作物病害抗药性增强，对以后的作物病害防治带来更大的困难。

6.5.2 研究内容

本书实验主要针对作物病害分区、病害预测方面进行研究。

陕甘宁三省（区）病害发病规律与地理位置和地形两方面关系密切，表现出西部和南部发病等级重于东部和北部，低海拔区域重于高海拔区域的特点，地理位置和地形并非是病害发病的决定因素，而是气候因素和距离菌源地远近的直观表现。由于陕甘宁三省（区）跨度较大，研究区内病害发病原因和流行特点差异明显。分区旨在获得病害发病规律一致性的区域。先分区再进行预测的方法可以针对不同区域筛选相应的预测因子，提高模型的针对性和预测精度。基于分区的预测模型还可以有效解决基于行政区划预测过程中预测结果代表性不强的问题。

6.5.2.1 气候一致性分区

利用与小麦病害发病关系密切的7个气象参数和1个距离参数通过DCA分析和聚类分析获得5个同质性一级区。在一级分区的基础上通过海拔范围得到12个二级分区。

6.5.2.2 小麦病害发病等级预测

基于分区结果，将甘谷、陇南、天水、汉中、安康、商洛、庆阳、平凉、宝鸡历史发病数据和对应年份的气象数据作为训练样本构建专家系统预测模型，并利用关中西部的岐山县为例对模型的精度进行验证。

6.5.3 技术路线

主要农业病害气象预测研究主要是通过历史数据构建一个病害预测专家系统，然后用以对未来病害发生情况进行预测。首先是根据发病程度的差异将研究区域进行分区，然后通过分析病害的历史发病数据和对应年份的气象数据，建立病害发生程度和气象因子之间的对应关系并针对每个分区构建病害预测专家系统。专家系统中主要包括知识库和案例库两部分数据，知识库包括病害发生的适宜温度、湿度以及环境等数据，案例库是指病害发生的具体案例。专家系统构建完成后，用户只需根据提示填入预测所需的气象因子的值即可产生预测结果。

具体模型构建步骤如下：确定影响病害发生的关键因子→确定关键因子的临界值→生成判别条件组合→确定每种判别条件组合对应的发病等级。利用模型预测时，系统不断从系统知识库中提取相关预测条件提示用户进行输入，用户输入的数据与系统知识库中相关的特征临界值进行比较，构成判别条件。直到各条件输入结果，由判别条件构成条件组合，最终与知识库及案例库中的判别条件组合进行匹配，确定各等级可能发生的概率，选择概率最大的等级作为预测结果提供给用户。总体技术路线如下图6-2所示。

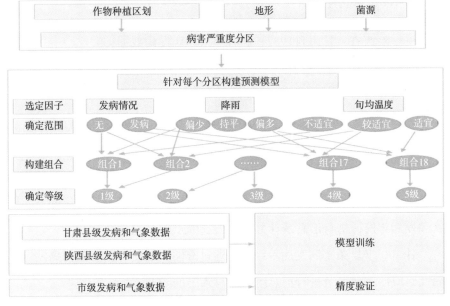

图6-2　总体技术路线示意

6.5.4　数据获取及处理

　　本书以西北三省为例，获取的数据包括示范区内的作物病害历史发病数据以及对应的气象数据，具体所使用的数据如表6-3所示。

表6-3　构建病害预测专家系统所用的数据

序号	历史发病数据	气象数据	气象站所处区域
1	甘谷县1950—1996年发病数据		I_C
2	天水市1988—2000年发病数据		I_C
3	陇南市1957—2006年发病数据	对气象站记录的数据进行整理计算而来	I_C
4	汉中、安康、商洛2006—2012年发病数据		III_C
5	庆阳市西峰区1985—2003年发病数据		II_C
6	平凉市1984—2008年发病数据		II_C
7	宝鸡市2006—2012年发病数据		IV_C

6.5.4.1 冬小麦条锈病

——陕西省、甘肃省1982—2007年条锈病发病数据；

——陕西省2006—2012年7市条锈病发病数据；

——陕西省2006、2012年23县条锈病发病数据；

——陕西省2006—2012年7市条锈病造成的产量损失数据；

——西北三省1957—2012年211个气象站点记录的气象数据；

陕西省条锈病发病等级数据来源于陕西省各市、县植保站上报的测报数据，从测报的文字描述和图表中筛选出病害发生等级及其对应的发病地区和发病年份，进行汇总统计并写入Excel文档。

甘肃、宁夏条锈病发病等级数据通过查阅文献获得，对条锈病发生年份及对应的发病等级进行汇总统计并写入Excel文档。

模型构建的气象数据来源于中国气象科学数据共享服务网中国地面气候资料日值数据集[①]。该数据集以天为单位记录1957—2010年的数据，主要包括平均温度、日最高温度、日最低温度、平均相对湿度、最小相对湿度、降水量、风速、日照时数和气压。通过格式转换将原始的文本文档格式转换为Excel格式，并对偶尔的缺失值进行了填补，填补方法为取临近两者间的算术平均值。

模型应用的气象数据来源于IPMist实验室自主研制的田间自动气象站，气象站记录的数据主要包括空气温湿度、土壤温湿度、降水量、光照强度、风速、风向等参数，设备每5分钟记录一次数据并通过移动数据流量方式实时地将数据传输到服务器[②]。将获得的数据以Excel格式导出并以"天"为单位对各参数取平均值并记录各参数的最大值和最小值。

6.5.4.2 冬小麦白粉病

——陕西省2006—2012年7市白粉病发病数据；

——陕西省2006—2012年7市白粉病造成的产量损失数据；

注：① 网址http：//www.cma.gov.cn/2011qxfw/2011qsjgx/；② 网址http：//data.unism.com.cn

——陕西省2006、2012年23县白粉病发病数据；

——西北三省1957—2012年211个气象站点记录的气象数据；

模型训练所需的训练样本包括气象数据和条锈病发生情况数据，其中气象数据是陕甘宁三省气象站点采集获得，采集的数据年份为1957—2012年，气象站点分布情况如图6-3所示。

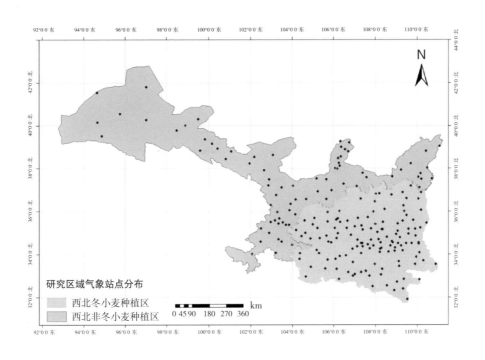

图6-3　小麦条锈病预测气象站点分布

白粉病发病情况数据主要通过分析县市级植保站上报的测报工作报告和病虫害发生防止情况统计表获得，所获得的白粉病发病情况数据包括县级和市级两个层面，将县级数据作为训练样本用以模型的构建，主要包括陕西宝鸡的陈仓区、扶风县、凤翔县、陇县、眉县、岐山县；陕西西安的户县、周至县；咸阳的兴平县、永寿县、长武县；渭南的临渭区、蒲城县、白水县、富平县、合阳县、华县；汉中的汉台区、城固县、勉县；商洛的镇安、商南、山阳、丹凤、柞水、洛南、商州共计27个县（区）。县区分布如图6-4所示。

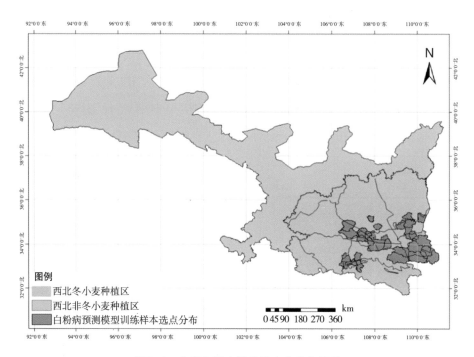

图6-4　小麦白粉病训练样本点分布情况

其中，安康市各县的数据年份为2008年，其他各县的数据年份为2009和2012年，依据上述训练数据分别构建基于每个分区的预测模型。

6.5.4.3　夏玉米大斑病

本书实例所使用历史数据如下。

——陕西省2006—2010年6市大斑病发病数据；

——全国SRTM 90m高程数据；

——2014年宝鸡市岐山县小麦条锈病和白粉病调查数据。

所使用气象数据如下。

——西北三省1957—2012年211个气象站点记录的气象数据；

——2014年宝鸡市岐山县气象站采集的气象数据。

6.5.4.4　作物病害精度验证数据

（1）冬小麦条锈病验证数据

陇南市2002—2007年3—5月气象数据和条锈病春季发病数据；

天水市1988—2000年3—5月气象数据和条锈病春季发病数据；

宝鸡市2006—2011年3—5月气象数据和条锈病春季发病数据；

安康市2006—2009年3—5月气象数据和条锈病春季发病数据；

汉中市2009—2012年3—5月气象数据和条锈病春季发病数据；

商洛市2006—2009年3—5月气象数据和条锈病春季发病数据；

渭南市2007、2008、2010年3—5月气象数据和条锈病春季发病数据；

铜川市2009年3—5月气象数据和条锈病春季发病数据；

西安市2007、2008、2012年3—5月气象数据和条锈病春季发病数据；

咸阳市2006、2007、2009年3—5月气象数据和条锈病春季发病数据；

气象站点记录的1957—2012年的气象数据。

（2）冬小麦白粉病验证数据

宝鸡市2006—2011年3—5月气象数据和白粉病春季发病数据；

安康市2006—2009年3—5月气象数据和白粉病春季发病数据；

汉中市2009—2012年3—5月气象数据和白粉病春季发病数据；

商洛市2006—2009年3—5月气象数据和白粉病春季发病数据；

渭南市2007、2008、2010年3—5月气象数据和白粉病春季发病数据；

铜川市2009年3—5月气象数据和白粉病春季发病数据；

西安市2007、2008、2012年3—5月气象数据和白粉病春季发病数据；

咸阳市2006、2007、2009年3—5月气象数据和白粉病春季发病数据；

气象站点记录的1957—2012年的气象数据。

（3）夏玉米大、小斑病验证数据

宝鸡市2006—2010年6—8月气象数据和玉米大、小斑病发病数据；

渭南市2006—2010年6—8月气象数据和玉米大、小斑病发病数据；

汉中市2006—2010年6—8月气象数据和玉米大、小斑病发病数据；

商洛市2006—2010年6—8月气象数据和玉米大、小斑病发病数据；

铜川市2006年6—8月气象数据和玉米大、小斑病发病数据；

安康市2006年6—8月气象数据和玉米大、小斑病发病数据。

6.5.5 病害分区研究

6.5.5.1 冬小麦条锈病分区研究

（1）条锈病发病规律研究

陕甘宁三省（区）研究区内小麦条锈病在不同年份、不同地域以及不同地形区内发病差异明显，年份、地域和地形并非是条锈病的影响因素，三者与气象因素密切相关并通过气象因素影响条锈病的发病情况。气象条件对病害发生的影响主要表现在冬季气象条件影响条锈病的越冬，进而影响条锈病春季流行的菌源量，春季的气象条件同时是条锈病能够流行的直接影响因素。由于气象条件和病害发生的相关关系，因此基于气象因子进行条锈病分区和预测是可行的。条锈病分区主要考虑的是条锈病的空间分布情况，在重发生或轻发生年份整个研究区条锈病的总体发病情况差异很大，但不同地域间的相对严重程度是基本稳定的，因此在分区过程中未考虑不同年份间差异的影响。

条锈病发病等级年际差异大，图6-5为1957—2006年间甘肃省陇南市小麦条锈病发病等级统计图，从图中可以直观看出条锈病在同一地区不同年份发病等级波动性大且有发病逐渐加重的趋势，50年来发病等级均值为2.82，标准差为1.44。条锈病发病年际差异是由不同年份气象因素差异造成，在暖冬且翌年春季升温快降雨多的年份发病重，反之发病则轻。1950、1964、1990和2002年是条锈病大流行年份，气象条件表现为冬季气温较常年偏高、降雪覆盖天数偏多、春季升温快、降水量较常年偏多的特点。已有研究人员在条锈病流行年份的原因分析中对气象因子的影响作用做了论述。

图6-5　陇南市不同年份条锈病发病等级

①条锈病地域发病规律分析。不同地域间条锈病发病等级差异明显，利用ArcGIS将2006年天水市、宝鸡市、武都区、固原县、汉中市、安康市、商洛市、西安市、咸阳市、渭南市和铜川市共计11个不同县（市）的条锈病发病等级制作柱状图并对应到相应的地域，柱状图高度越高表明发病等级越严重，如图6-6所示。研究区域的冬小麦种植区内小麦条锈病发病表现出很强的地域规律性，从研究区域的西南部向东北部方向发病等级逐渐减弱。自西向东发病等级逐渐减轻主要由菌源量引起，西部陇南市等地条锈病可完成周年循环，菌源量充足，东部安康、商洛等地由于条锈病无法完成越夏且距离越夏区较远，秋苗侵染程度较低，条锈病翌年春季流行所需的菌源量也较少；自南向北发病等级逐渐减轻主要由纬度因素引起，纬度较高的地区冬季气温低，不利于条锈病菌源的越冬，春季气温低、回升慢，降水也偏少，不利于条锈病发病。

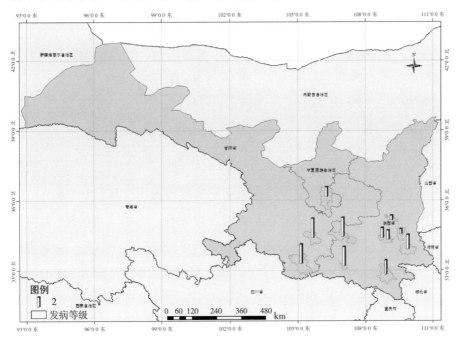

图6-6　2006年不同地域条锈病发病等级分布

②条锈病地形发病规律分析。地形因素是影响条锈病发病等级的又一重要因素，不同地形的地块气候微环境差异大，山区地块的温度往往低于

低海拔地块，川道和低洼处的地块湿度往往高于平原或塬区地块。尤其在陇南、关中西部等一些地形多样化的地区，地理位置相近区域甚至同一个县域内条锈病发病的差异性可能很大，表6-4列出了2009年关中西部宝鸡市6县主要地形区域的条锈病发病等级结果，并分别从地形区和县级行政区角度计算了发病的平均等级。

通过表6-4可以直观看出同一县域内川道、塬区、山区发病等级介于3～5级之间且发病差异明显，6县的总体发病等级多为4级，川道发病等级多重于平均发病等级，山区多轻于平均发病等级，以县平均发病等级无法准确描述全县的病害分布和内部差异。不同县的川道区域发病等级4～5级，平均发病等级为5级，不同县的塬区区域发病等级稳定在4级，不同县的山区区域发病等级多为3级，同一地形区内不同县之间病害发病等级差异小，一致性高。

表6-4　2009年宝鸡市6县不同地形发病等级统计

	扶风县	凤翔县	陇县	眉县	岐山县	宝鸡县	平均
川道	5	4	4	4	5	5	5
塬区	4	4	4	3	5	4	4
山区	3	3	3	2	3	3	3
全县总体	4	4	4	4	4	4	4

以地形因素为自变量，以条锈病发病等级为因变量，利用SPSS 21的单因素方差分析（ANOVA）功能进行分析，结果（表6-5）表明，$F>F_{(2, 15)}$，说明不同地形组间条锈病发病等级确实存在差异。为弄清具体哪两种地形间差异最为明显，利用Tukey真实显著性差异法（HSD）进行事后多重比较，多重比较结果（表6-6）表明，山区与川道、山区与塬区条锈病发病差异显著，塬区和川道的发病差异不显著。即高海拔区与中低海拔区条锈病发病差异性明显，中低海拔间存在病害发病的差异性，但差异性未达到显著差异的水平（$P>0.05$）。该结论也与关中西部长期病害监测结果相一致。

表6–5　单因素方差分析

	平方和	自由度	均方	*F*	显著性
组间	8.778	2	4.389	15.192	0.000
组内	4.333	15	0.289		
总数	13.111	17			

通过直观对比和数据分析，发现不同地形间发病等级确实存在显著差异。原因可能为：行政区本质上是地理位置因素，一级分区时已考虑了地理位置的因素，因此在同一分区中地理位置相近的区域，地形因素将超越地理位置因素成为影响条锈病发生程度的主要因素。在这种情况下，用全县的总体发病等级无法准确描述病害的整体分布情况及内部差异。在进行病害预测时，也无法对某一县（区）作出统一的预测结果。即在同一一级分区中，同一地形区不同县之间内病害发病等级差异小，同一县内不同地形区内条锈病发病差异大。

表6–6　不同地形组间多重比较结果

地形	地形	均值差	标准误	显著性	95% 置信区间	
					下限	上限
川道	塬区	0.500	0.310	0.271	−0.31	1.31
	山区	1.667*	0.310	0.000	0.86	2.47
塬区	川道	−0.500	0.310	0.271	−1.31	0.31
	山区	1.167*	0.310	0.005	0.36	1.97
山区	川道	−1.667*	0.310	0.000	−2.47	−0.86
	塬区	−1.167*	0.310	0.005	−1.97	−0.36

注：*.均值差的显著性水平为 0.05

因此，我们需要在一级分区基础上进行二级分区，二级分区主要考虑的因素为地形因素。陕甘宁三省（区）地形复杂多样，从地势低洼的川道、低洼洼地到海拔很高的山地都有分布，此外还包括平原、塬区、丘陵等过渡性地形。海拔高度相近的地形区内条锈病发病规律较为一致，如低海拔的川道和低洼地，由于早春小气候条件温暖潮湿，有利于条锈病的发生。因此在该研究中利用数字高程模型（DEM）中的海拔阈值作为分区指标进行二级区划分。二级分区后的区域发病等级一致性更高，基于二级分区结果的构建条锈病预测专家系统既可以实现区域尺度的预测又可以保持较高的预测精度。相应的，在对某一县域进行预测时，需要先按照地形区进行分类，依据按照分类结果逐一预测。

在本部分，从年份、地理位置和地形3个方面分析了三者对冬小麦条锈病发病程度的影响，通过分析发现三者都通过气象因素对病害起作用，并由此引出通过气象因子的分析进行一级分区。受搜集数据所限，相同年份交集较小，因此，在分析地理位置因素影响时未进行系统地数据分析，仅以2006年的发病实际情况为例予以直观展示。

总结陕西、甘肃、宁夏3省（区）冬小麦和夏玉米的种植区域情况，结合冬小麦和夏玉米种植区划图并据此勾勒出西北冬小麦条锈病种植区的外围轮廓。

利用秦岭、陇山等主要山脉和将冬小麦和夏玉米种植区划分为几个地形区；利用小麦条锈病、白粉病2009和2012年发病数据进行聚类分析，参考聚类分析的结果将冬小麦和夏玉米种植区进行病害严重度分区。

对分区进行命名时主要依据各区发病的风险程度进行，依次分为高风险区、中风险区和低风险区。利用地理位置对发病程度相似地区进行区分。

（2）条锈病分区数据来源及预处理

我国1:400万地形数据（包括县及县以上边界、主要河流等）来源于国家基础地理信息系统数据库[①]。利用陕甘宁三省（区）行政区划边界获得研究区域的县界等基础地理信息。

陕甘宁三省（区）SRTM3数据（即90m分辨率DEM高程数据）来源于中国科学院镜像站点[②]。利用陕甘宁三省（区）行政区划通过ArcGIS的

---

① http://gts.sbsm.gov.cn/和http://www.ngcc.cn/
② http://srtm.datamirror.csdb.cn/search.jsp

extract by mask工具将非研究区域去除。

陕甘宁三省（区）气象站点数据来源于中国气象科学数据共享服务网中国地面气候资料日值数据集[①]。

（3）分区结果

陕甘宁三省（区）面积大，气象条件差异明显，研究区域南部的陇南、陕南等地温暖潮湿，春季升温较快；研究区域北部的陇西、陕北等地寒冷干燥，春季升温慢。地域间气象条件的不同使得条锈病在不同地域间发病差异很大，总体上呈现出如下规律，以研究区域西南部的陇南地区为起点向北、向东条锈病发病等级逐渐减弱，向北减弱主要由于气象因素，向东减弱主要由于春季菌源量因素。此外，条锈病的发生程度受地形因素影响很大，主要表现出低海拔区域的川道低洼地发病等级重于高海拔区域的山地。呈现出如上规律性主要由于低海拔区的川道、低洼地或下湿地等地块地势低洼，土壤含水量大，温度也较高海拔区偏高，空气流通不畅导致空气湿度偏高，这些因素都有利于条锈病的发生。鉴于条锈病发病等级在整个研究区域中表现出明显的异质性，因此对研究区域进行了分区研究，以便获得条锈病发病规律的同质性分区。在分区研究中分两级进行了分区，第一级分区以县级行政区划为基本单元，通过对气象因子的相似性分析得到，在一级分区中主要考虑地理位置因素。第二级分区以一级分区结果为基本单元通过设定DEM海拔阈值的方法得到，在二级分区过程中主要考虑了地形因素。

①一级分区　一级分区主要考虑地理位置因素对条锈病发病等级的影响，地理位置因素对条锈病发病等级的影响通过气象因子的差异起作用，通过筛选分区因子、分区因子数据分析和依据分区结果制图三步来实现。结合分区的气象和条锈病历史发病情况对每个分区进行了描述。

a）一级分区因子筛选

对影响条锈病发病的气象因子的研究已较为充分，研究者多采用主成

---

① http：//www.cma.gov.cn/2011qxfw/2011qsjgx/

分分析、逐步回归分析等方法确定影响条锈病发病的关键因子。主要包括感病品种种植面积、秋苗侵染情况、冬季气象条件和春季气象条件四个方面。结合气象站点记录的数据，最终确定8个参数作为分区因子，8个参数中包括7个气象参数（3月份的月均温度和月均降水量、4月份的月均温度和月均降水量、5月份的月均温度和月均降水量、年度最低气温）和1个距离参数（距菌源地的距离）。

b）数据分析结果

以研究区域内128个县（市）为研究单元对上述8个参数进行汇总统计，并将每个参数通过如下公式进行数据归一化：

$$y = \frac{x - \min}{\max - \min}$$

式中，x为原始数值，min为该参数中的最小值，max为该参数的最大值，y为归一化之后的值（具体数据见附录1）。

分别利用Canoco 4.5 软件和SAS 9.1软件对上述归一化后的数据进行DCA排序和聚类分析。排序过程使用4th order Polynomials区间除趋势方法，聚类过程使用系统聚类分析中的最远距离法。在聚类分析中由于对全部128个县进行聚类时，聚类结果过于密集，因此采用分层抽样方式随机抽取26个样本进行分析。两类分析结果如图6-7所示。

排序结果中两点之间距离越近说明两个县气候条件越相似，DCA分析的结果显示，横轴方向表现出明显的规律性，是温度和湿度的共同作用效果，横轴的最左侧为陇南等地，其次为陕南等地，再其次为关中、渭北、陇西、陇东等地，最右侧为陕北和宁夏南部等地；聚类分析的结果表明：可以将研究区域划分为陇东及陕北、陇南陇西及宁夏南部、关中及渭北和陕南秦巴四个部分。

两类分析结果都表明研究区域应至少包括关中和渭北、陕南和秦巴浅山区两个一级区。结果差异主要集中在陇南、陇东、陇西、陕北和宁夏南部地区如何分区。DCA分析结果可以看出陇南和其他区域气象条件差异明显且该地区是小麦条锈病的越冬中心和病原小种策源地，因此将陇南地区单独列为一个区。考虑到地理位置以及条锈病的实际发病情况将陇西、陇东和宁夏南部归入一个区，陕北地区独立成区。

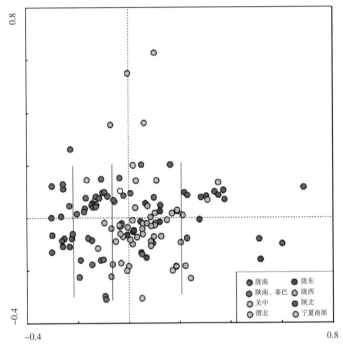

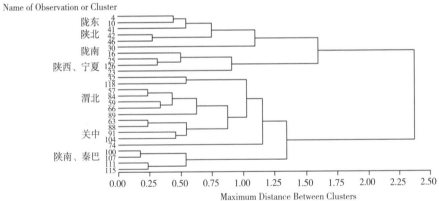

图6-7　气象因子分析结果（DCA分析（上）；聚类分析（下））

c）分区结果制图

对比两类分析结果，结果差异主要集中在陇南、陇东、陇西、陕北和宁夏南部地区如何分区。从DCA分析结果可以看出陇南和陕北与其他区域差异明显。考虑到地理位置以及条锈病的实际发病情况将陕甘宁三省（区）划分成5个区。其中，陇西、陇东和宁夏南部归入一个区，关中和渭北归入一个区，陕南和秦巴浅山地区归入一个区，陇南地区和陕北地区各自独自成区。依据分析结果，利用ARCMAP 10.2.1对分区结果进行制结果如图6-8。

所划分的5个一级区在分区内病害的发病规律相似，分区之间发病特点差异明显，在对各分区内条锈病历史发病情况进行分析后，将各分区的病害发生特点描述如下。

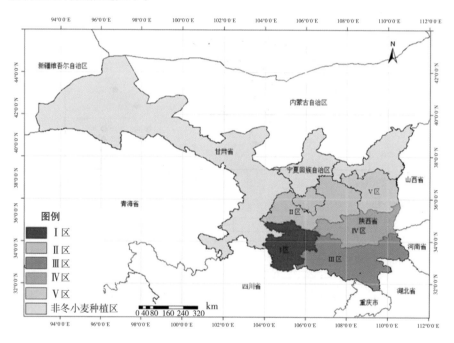

图6-8　依据DCA分析进行的一级分区

表6-7　区域内病害发生特点描述

一级区	作物生长期	秋苗侵染	病菌越冬率	春季病害始见期	病害发生频率	常年发病等级*
I区	10月至翌年6月	早	高	早	经常	中—重
II区	9月至翌年6月	早	低	晚	经常	轻—中

续表

一级区	作物生长期	秋苗侵染	病菌越冬率	春季病害始见期	病害发生频率	常年发病等级*
III区	10月至翌年6月	早	高	早	经常	中—重
IV区	10月至翌年6月	早	低	晚	经常	轻—中
V区	9月至翌年6月	晚	低	晚	偶尔	轻

注：轻—病情指数≤10；中—病情指数10~40；重—病情指数≥40

　　利用DCA和聚类分析方法进行一级分区时选用的主要参数为气象参数，分区内各气象因子也相对一致，各分区内气象特点总结如下：

　　I区：主要包括陇南渭河上游河谷山地冬小麦区和岭南嘉陵江上游湿润川坝山地冬小麦。该区内无霜期280d左右，年降水量可达900mm，小麦条锈病菌在该区域内可以完成周年循环，是主要的越冬菌源地和病原小种的策源地。II区：该区域主要包括陇东泾河上游川坝山地冬小麦区、陇西河谷山地冬春小麦兼种区和宁夏南部冬小麦区。该区内无霜期160~190d，年降水量500~700mm之间，宁夏年平均气温5~9℃，≥0℃的积温2 600~3 100℃；降水量自南向北递减，固原地区400mm以上，泾源县达650mm。该区域条锈病病菌越冬量小，主要受陇南等地外来菌源影响，在病害传播过程中起到"桥梁"作用。III区：该区域主要包括陕南平坝早熟冬小麦区和秦巴浅山丘陵中熟冬小麦区，该区内年均气温14~15℃，最低气温（1月）0~3℃，最高气温（7月）24~27℃，年极端最高温度38.5℃；降水量700~1 000mm，降水多集中在7—9月，降水量占全年降水量的35%~50%。该区域条锈病菌可完成越冬，病害流行时既受本地菌源影响也受陇南等地外来菌源影响。IV区：该区域主要包括关中平原早熟冬小麦区和渭北高原中晚熟冬小麦区。该区域内年均气温11.5~13.7℃，≥0℃的积温为3 700~5 000℃，可满足一年两熟；无霜期200~230d。年降水量

500~700mm，西部比东部降水量多50~100mm。该区域条锈病的流行主要受陇南等地外来菌源影响，是西北地区最主要的冬小麦种植区，产量受条锈病影响较大。V区：该区域主要是指陕北丘陵沟壑晚熟冬小麦区，该区内年均气温7~11℃，最低气温（1月）-10~-4℃，最高气温（7月）21~25℃，年极端最高温度36.5℃；年降水量300~600mm。该区域距离均原地相对较远，冬小麦种植面积较小，受条锈病危害也相对较轻。

② 二级分区

a）二级分区结果

地形因素是影响条锈病发生的重要因素，地形可以影响作物生长的小气候环境，导致同一县区内发病等级差异明显，因此有必要在一级分区的基础上根据DEM数字高程值将每个一级区分为3个二级区：高海拔区、中海拔区和低海拔区。由于I、II区和III、IV区之间地形种类差异明显，I、II区内地形起伏较大，低海拔区域多为河流流经的川道和低洼地，整体海拔较高；III、IV区内地形起伏较缓，低海拔多为大面积的平原和渭河川道，因此需要设定不同的高程阈值来划分。III、IV区的DEM阈值利用ARCMAP 10.2.1的自动分级功能并通过目视修正后获得。12个二级区的主要特点总结如表6-8。

表6-8 二级区的主要特点

所属一级区	二级区	类别	DEM范围	所含地形种类
I区	I_A	高海拔区	≥1700	山区
	I_B	中海拔区	1400~1700	浅山、丘陵
	I_C	低海拔区	≤1400	川道、低洼地
II区	II_A	高海拔区	≥1700	山区
	II_B	中海拔区	1400~1700	浅山、丘陵
	II_C	低海拔区	≤1400	川道、低洼地

所属一级区	二级区	类别	DEM范围	所含地形种类
	III_A	高海拔区	≥1200	山区
III区	III_B	中海拔区	680~1200	塬、浅山、丘陵
	III_C	低海拔区	≤680	川道、平原、低洼地
	IV_A	高海拔区	≥1200	山区
IV区	IV_B	中海拔区	680~1200	塬、浅山、丘陵
	IV_C	低海拔区	≤680	川道、平原、低洼地
V区	V			高原

注：由于陕北地区小麦条锈病发生程度常年很轻，冬小麦种植面积比较小且地形特点也相对一致，因此未对陕北地区进行二级分区

b）二级分区制图

按照上述要求，利用ARCMAP10.2.1对二级区进行制图，如图6-9所示，图中颜色较深的区域为低海拔区，区内病害发生程度也相对较重；颜色较浅的区域为高海拔区，发病等级也相对较轻；颜色居中的为中海拔区。

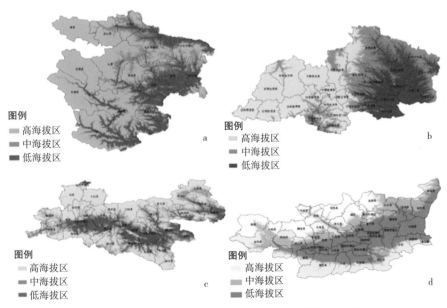

图例
高海拔区
中海拔区
低海拔区

a

图例
高海拔区
中海拔区
低海拔区

b

图例
高海拔区
中海拔区
低海拔区

c

图例
高海拔区
中海拔区
低海拔区

d

图6-9　二级分区结果 a：I区 b：II区 c：III区 d：IV区

6.5.5.2　冬小麦白粉病分区研究

　　利用SAS 9.1对冬小麦条锈病发生程度进行了聚类分析，输入的数据是陕西省23个县（区）2009和2012年发病等级数据，聚类分析的结果如下图6-10所示。

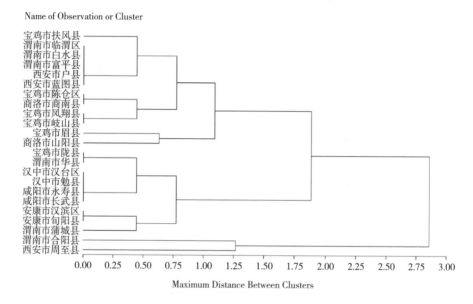

图6-10　冬小麦条锈病聚类分析结果

　　从聚类分析的结果中可以发现（图6-11）按照条锈病发病情况可以将西北冬小麦种植地区明显的分为秦岭沿线及关中平原和其他区域两部分：秦岭沿线区域将整个冬小麦种植区域自北向南划分为秦岭北部、秦岭沿线和秦岭南部三个部分。秦岭沿线及关中平原区域发病重，主要包括宝鸡市、西安市、渭南市和商洛市北部地区；其他区域（即秦岭北部渭北高原一带和秦岭南部）发病轻，主要包括汉中市安康市的南部、宝鸡市、咸阳市。综合考虑以上规律和西北地区的地形分布特点，将冬小麦白粉病发生情况划分为以下3个区域：秦岭沿线及关中平原高风险发生区、秦岭北部中风险区和秦岭南部低风险区。

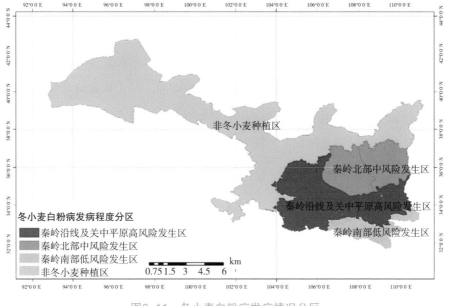

图6-11　冬小麦白粉病发病情况分区

　　整个陕西、甘肃、宁夏三省（区）分为冬小麦种植区和非冬小麦种植区，冬小麦种植区主要包括嘉陵江上游冬小麦种植区、陇西冬小麦种植区、陇东冬小麦种植区、关中平原冬小麦种植区、渭北高原冬小麦种植区、陕南平坝冬小麦种植区、秦巴浅山丘陵冬小麦种植区和黄土高原局部种植区。

　　秦岭沿线高风险发生区：此区主要包括陇南、陇西南部、关中平原冬麦区、关中南部和陕南北部的秦岭沿线浅山丘陵冬麦区。浅山地区多雨雾天气且温度适中，适宜白粉病的越冬越夏，可以在此区域完成病害循环。因此，此区域白粉病多重发生且发病时间早。

　　秦岭北部中风险区：该区域主要包括渭北高原冬麦区、宁夏南部冬麦区、陇东泾河上游川原山地冬小麦区和部分黄土高原冬麦区。该区域正常年份白粉病很难进行越冬越夏完成整个生活史，菌源主要来自南部的秦岭沿线。因此，此区域表现出了明显的自南向北逐渐减弱的规律。利用关中平原将该区域划分为两个子区，即关中平原区和北部高原区。其中关中平原海拔和纬度较低，距离菌源地较近且某些特殊年份白粉病还可以完成病害循环。因此该区域较北部山区发生程度要重，多为偏重或中度发生。北部高原区海拔纬度高，距离菌源地远，发病较南部要轻。发病程度自南向北多变现为中度至轻度发生。

秦岭南部低风险区：该区域主要包括陕南平坝和秦巴浅山丘陵麦区，由于冬小麦的种植主要集中在陕南平坝等偏南的区域，距离菌源较远此地海拔普遍较高，菌源不易扩散。且小麦种植面积逐渐减少，小麦白粉病的发病程度多为轻或偏轻发生。

6.5.5.3　夏玉米大斑病分区研究

我国玉米分区主要包括北方春播玉米区、黄淮海夏播玉米区、西南山地丘陵玉米区、南方丘陵玉米区、西北灌溉玉米区和青藏高原玉米区。与研究区域相关的主要是黄淮海夏播玉米区和北方春播玉米区。夏播玉米主要集中在关中平原、陇南和陕南的川道浅山区域。由于玉米大斑病发病主要集中在七月底或八月初，因此以七月下旬25℃等温线为界将夏玉米种植区划分为西北、东南两部分。在等温线以北温度低于25℃，适宜大斑病发病，为高风险发生区。在等温线以南温度高于25℃，大斑病发病受抑制，为低风险发生区，见图6-12。

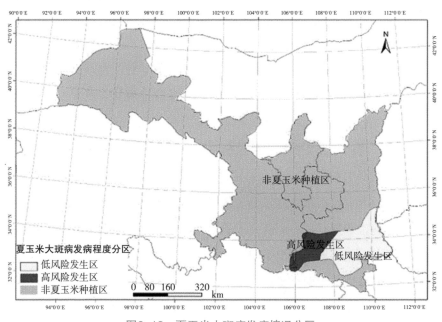

图6-12　夏玉米大斑病发病情况分区

6.5.5.4 夏玉米小斑病分区研究

我国玉米分区主要包括北方春播玉米区、黄淮海夏播玉米区、西南山地丘陵玉米区、南方丘陵玉米区、西北灌溉玉米区和青藏高原玉米区。与研究区域相关的主要是黄淮海夏播玉米区和北方春播玉米区。夏播玉米主要集中在关中平原、陇南和陕南的川道浅山区域。由于玉米小斑病发病的关键时期主要集中在7-8月，当月平均温度在25℃以上，雨日多、雨量大、光照时数少时，小斑病就容易流行。因此以7月下旬25℃等温线为界将夏玉米种植区划分为西北、东南两部分。在等温线以北温度低于25℃，适宜小斑病发病，为高风险发生区。在等温线以南温度高于25℃，小斑病发病受抑制，为低风险发生区，见图6-13。

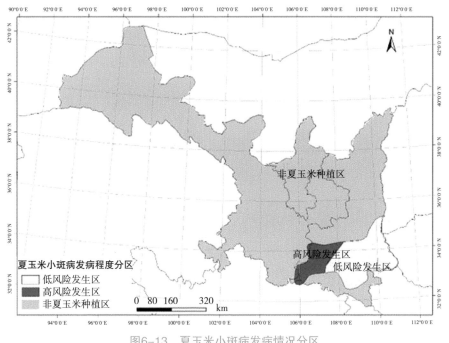

图6-13　夏玉米小斑病发病情况分区

6.5.6　病害预测过程

6.5.6.1　冬小麦条锈病

在本次条锈病预测模型的构建过程中，通过筛选与病害发生关系密切的因子，遍历所有环境条件组合，在对历史发病数据汇总统计（案例库）和专家经验（知识库）基础上，将每种条件组合与发病等级建立一一对应关系，条件组合和发病等级之间为m∶n的关系，即每种条件组合下可能对应多个不同发病等级，每个发病等级可以有多个条件组合与之对应。对于前者需要对同一条件组合下发病等级进行汇总统计并去除离群值，得到各等级的样本频率，并以此作为预测结果中的本等级的概率值。将条件组合和发病等级建立对应关系的过程也可称为模型训练过程，由于预测结果的概率值取值为训练样本的样本频率，因此该过程对样本量要求很高。条锈病专家系统预测模型输入量为预测模型所需各项参数，在用户界面模块以向导方式提示用户输入；预测输出量为条锈病最可能的发病等级以及各等级发病的概率值，以柱状图形式形象的展示。条锈病预测专家系统构建示意图如下图6-14所示。

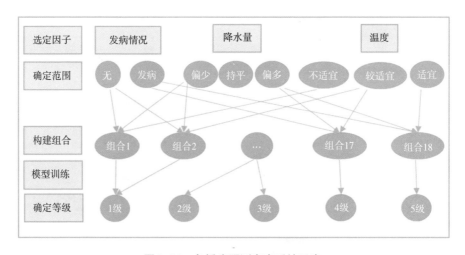

图6-14　条锈病预测专家系统示意

6.5.6.2　冬小麦白粉病

（1）模型的构建

模型构建过程中最核心的内容是筛选关键因子及关键因子临界值的确

定，敏感因子的筛选结果见表6-9，小麦白粉病关键因子的临界值如表6-9所示。

表6-9　冬小麦白粉病关键因子与临界值

影响因子	预测时的病情指数	旬均温（℃）	旬降水量距平（%）
临界值	0|10|20	10|20|25	偏少20%|偏多10%

（2）模型集成

将训练好的模型通过IDL语言编译，形成白粉病预测模块，然后集成到作物病害遥感监测与评价系统中。

（3）模型应用

用户选择好相应的预测模型后，按照系统提示输入参数，系统将会自动进行逻辑判断，并显示预测结果。

6.5.6.3　夏玉米大斑病、小斑病

（1）模型的构建

147

模型构建过程中最核心的内容是筛选关键因子及关键因子临界值的确定，敏感因子的筛选结果见表6-10，夏玉米大小斑病关键因子的临界值如表6-10所示。

表6-10　夏玉米大小斑病关键因子与临界值

影响因子	预测时的病情指数	旬均温（℃）	旬降水量
临界值	0|5|10	15|25	130

（2）模型的训练

利用专家经验知识构建用以预测玉米大小斑病发病规律的逻辑判断规则。

（3）模型集成

将训练好的模型通过IDL语言编译，形成大小斑病病害预测模块，然后集成到作物病害遥感监测与评价系统中。

（4）模型应用

用户选择好相应的预测模型后，按照系统提示输入参数，系统将会自动进行逻辑判断，并显示预测结果。

6.5.7　病害预测结果

6.5.7.1　冬小麦条锈病预测结果

（1）监测点预测结果

监测点：宝鸡市岐山县。

预测模型的选用：秦岭北部中风险发生区。

预测时间：2014年4月下旬。

验证时间：2014年5月22日。

模型所需参数：

参数	4月下旬均温（℃）	4月下旬降水量距平百分比	已发病情况
数值	18.497	偏多1成以上	零星发生

参数中的气象数据通过田间气候箱自动获取，已发病情况按照病虫害测报规范于2014年3月初开始每隔一旬进行一次调查，调查记录条锈病发病的病叶率和严重度，通过计算得出病情指数。病情指数为0的是未发病，病情指数<5的为零星发生，病情指数>5的为点片发生。

秦岭北部中风险发生区总体将偏重发生。其中渭河流域的扶风县、眉县、陈仓区川道灌区、下湿地、滩地，关中平原中部沿山、川道、稻麦两熟区、河漫滩地以及西宝沿线会重度发生；关中北部及渭北高原一带偏轻至中度发生。

预测结果与5月22日实际发病情况如图6-15所示。

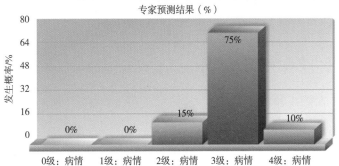

图6-15　对岐山县监测点条锈病的预测结果与实际发病情况

（2）历史数据预测结果（表6-11至6-14）

表6-11　冬小麦条锈病历史数据回带预测结果（甘肃省天水市）

年份	1988	1989	1990	1991	1992	1993	1994	1995	1996	1007	1998	1999	2000
发病等级	1	2	4	4	1	3	1	1	3	3	2	4	3
预测等级	3	2	4	4	1	3	1	1	3	3	2	4	2

表6-12　冬小麦条锈病历史数据回带预测结果（陕西省宝鸡市）

年份	2006	2007	2008	2009	2010	2011
发病等级	4	3	2	4	4	3
预测等级	4	3	2	4	4	3

表6-13　冬小麦条锈病历史数据回带预测结果（陕西省安康市）

年份	2006	2007	2008	2009
发病等级	3	3	1	3
预测等级	3	1	1	3

表6-14　冬小麦条锈病历史数据回带预测结果（陕西省汉中市）

年份	2009	2010	2011	2012
发病等级	4	2	1	2
预测等级	4	2	1	2

6.5.7.2　冬小麦白粉病预测结果

（1）监测点预测结果

监测点：宝鸡市岐山县。

预测模型的选用：秦岭沿线及关中平原高风险发生区。

预测时间：2014年4月下旬。

验证时间：2014年5月22日。

模型所需参数：

参数	4月下旬均温（℃）	4月下旬降水量距平百分比	已发病情况
数值	18.497	偏多1成以上	零星发生

参数中的气象数据通过田间气候箱自动获取，已发病情况按照病虫害测报规范于2014年3月初开始每隔一旬进行一次调查，调查记录条锈病发病的病叶率和严重度，通过计算得出病情指数。病情指数为0的是未发病，病情指数<5的为零星发生，病情指数>5的为点片发生。

秦岭沿线及关中平原高风险发生区将重发生。其中，宝鸡市眉县、陈仓区秦岭北麓及西安市的周至、户县、长安区、蓝田沿山及川道属于常发区，需重点关注。

预测结果与5月22日实际发病情况如图6-16所示。

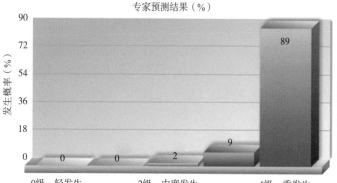

图6-16 对岐山县监测点白粉病的预测结果与实际发病情况

（2）历史数据预测结果（表6-15至6-18）

表6-15 冬小麦白粉病历史数据预测结果（陕西省宝鸡市）

年份	2006	2007	2008	2009	2010
发生等级	2	1	1	3	2
预测等级	2	3	1	3	2

表6-16 冬小麦白粉病历史数据预测结果（陕西省渭南市）

年份	2007	2008	2010
发病等级	3	3	2
预测等级	3	3	2

表6-17 冬小麦白粉病历史数据预测结果（陕西省汉中市）

年份	2009	2010	2011	2012
发病等级	2	2	1	1
预测等级	2	2	1	1

表6-18 冬小麦白粉病历史数据预测结果（陕西省安康市）

年份	2006	2007	2008	2009
发病等级	2	1	1	2
预测等级	2	1	1	2

6.5.7.3 夏玉米大、小斑病预测结果

（1）监测点预测结果

监测点：宝鸡市眉县。

预测模型的选用：夏玉米西北部高风险发生区。

预测时间：2014年7月下旬。

验证时间：2014年8月16日。

模型所需参数：

参数	7月下旬均温（℃）	7月下旬降水量（mm）	已发病情况
数值	23.5	<130	零星发生

参数中的气象数据通过田间气候箱自动获取，已发病情况按照病虫害测报规范于2014年7月初开始每隔一旬进行一次调查，调查记录大小斑病发病的病叶率和严重度，通过计算得出病情指数。病情指数为0的是未发病，病情指数小于5的为零星发生，病情指数大于5的为点片发生。

预测结果：

预测结果与8月16日实际发病情况如图6-17所示。

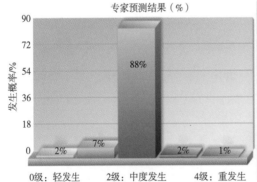

图6-17 对眉县试验站大斑病的预测结果与实际发病情况

（2）历史数据预测结果（表6-19至6-22）

表6-19　夏玉米大小斑病历史数据预测结果（陕西省宝鸡市）

年份	2006	2007	2008	2010
发生等级	2	3	3	2
预测等级	2	3	2	2

表6-20　夏玉米大小斑病历史数据预测结果（陕西省渭南市）

年份	2006	2007	2008	2010
发生等级	1	2	1	1
预测等级	1	2	1	1

表6-21　夏玉米大小斑病历史数据回带预测结果（陕西省汉中市）

年份	2006	2007	2008	2010
发生等级	2	3	3	2
预测等级	2	3	2	2

表6-22　夏玉米大小斑病历史数据回带预测结果（陕西省商洛市）

年份	2006	2007	2008	2010
发生等级	1	2	2	2
预测等级	1	2	2	2

6.5.8　预测精度验证

将历史数据分为两部分：一部分作为训练样本，另一部分作为验证样本。通过训练样本构建模型，然后用模型对验证样本进行预测。对比预测结果与实际发病情况而得出最终的预测精度。在本研究中使用县级数据作为训练样本，市级数据作为验证样本进行精度验证，小麦条锈病、小麦白粉病和玉米大斑病、小斑病的最终预测精度都达到了85%以上。

6.5.8.1　冬小麦条锈病精度评价

首先进行数据搜集，需要搜集的数据主要是研究区域气象数据和对应年份的病害发生情况数据，研究区域的气象数据通过分布于陕甘宁三省的气象站点获取，气象站点记录的数据年份为1957—2012，市级气象数据的数值取该市内各站点的均值。气象站点的分布情况如下图6-18所示。

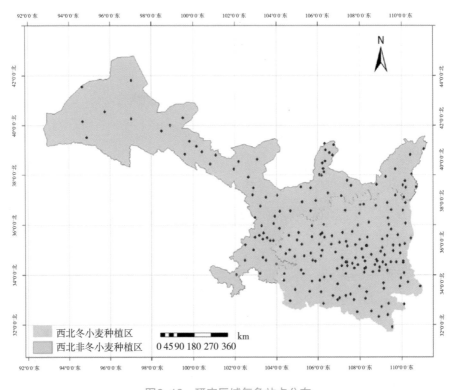

图6-18　研究区域气象站点分布

条锈病发病情况数据主要通过分析县（市）级植保站2002以来每年上报的测报工作报告和病虫害发生防治情况统计表获得，此外还有一些数据引自相关文献。所获得的条锈病发病情况数据包括县级和市级两个层面，县级数据已用以构建模型。因此，利用陇南市2002—2007年数据，天水市1988—2000年数据，宝鸡市2006—2011年数据，安康2006—2009年数据，汉中2009—2012年数据，商洛2006—2009年数据，渭南市2007、2008、2010年数据，铜川市2009年数据，西安市2007、2008、2012年数据，咸阳市2006、2007、2009年数据等市级发病数据对模型进行精度验证。

（1）精度评价结果（表6-23至表6-24）

表6-23   小麦条锈病精度验证

模型	验证数据	预测结果	预测精度（%）	总体精度（%）
秦岭北部高风险发生区模型	天水市	13个验证样本中11个正确预测	84.6	
秦岭北部中风险发生区模型	宝鸡市、西安市、咸阳市	6个验证样本全部正确预测	100	
秦岭北部低风险发生区模型	渭南市、铜川市	4个验证样本全部正确预测正确	100	41个验证样本中有36个正确预测，总体的预测精度为87.8%
秦岭南部高风险发生区模型	陇南市	6个验证样本中5个正确预测	83.3	
秦岭南部中风险发生区模型	安康市、汉中市	8个验证样本中有7个正确预测	87.5	
秦岭南部低风险发生区模型	商洛市	4个验证样本有3个正确预测	75	

（2）精度评价结果对比

表6-24   小麦条锈病预测模型精度对比

作者	模型	精度（%）	精度提升（%）
王新俊等（2010）	逐步回归方法模型	73.9 ~ 82.6	5.2 ~ 13.9

6.5.8.2 冬小麦白粉病精度评价

首先进行数据搜集，需要搜集的数据主要是研究区域气象数据和对应年份的病害发生情况数据，研究区域的气象数据通过分布于陕甘宁三省的气象站点获取，气象站点记录的数据年份为1957—2012，市级气象数据的数值取该市内各站点的均值。

白粉病发病情况数据主要通过分析县市级植保站2002以来每年上报的

测报工作报告和病虫害发生防止情况统计表获得，此外还有一些数据引自相关文献。所获得的白粉病发病情况数据包括县级和市级两个层面，县级数据已用以构建模型。因此利用宝鸡市2006—2011年数据，安康2006—2009年数据，汉中2009—2012年数据，商洛2006—2009年数据，渭南市2007、2008、2010年数据，铜川市2009年数据，西安市2007、2008、2012年数据，咸阳市2006、2007、2009年数据等市级发病数据对模型进行精度验证。

（1）精度评价结果（表6-25）

表6-25　小麦白粉病精度验证

模型	验证数据	预测结果	预测精度（%）	总体精度
秦岭沿线及关中平原高风险发生区模型	宝鸡市、西安市、渭南市、商洛市	16个验证样本中15个正确预测	93.8	28个验证样本中有26个正确预测，总体的预测精度为92.8%
秦岭北部中风险发生区模型	铜川市、咸阳市	4个验证样本全部正确预测	100	
秦岭南部低风险发生区模型	汉中、安康	8个验证样本中7个正确预测	87.5	

（2）精度评价结果对比（表6-26）

表6-26　小麦白粉病预测模型精度对比

作者	模型	精度（%）	精度提升（%）
栗红生（2010）	全要素神经网络模型	75.0	17.8
李光泉等（2011）	灰色系统GM（1，1）和BP神经网络相结合的模型	92.3	0.5
曹克强等（1994）	逐步回归方法	81.6	11.2

6.5.8.3　夏玉米大、小斑病精度评价

（1）精度评价结果（表6-27）

表6-27　玉米大小斑病病精度验证

模型	验证数据	预测结果	预测精度 （%）	总体精度
夏玉米西北部 高风险发生区	宝鸡市、汉中市	8个验证样本中7 个正确预测	87.5	18个验证样本 中有16个正确 预测，总体的 预测精度为 88.9%
夏玉米东南部 高风险发生区	渭南市、商洛市、 安康市、铜川市	10个验证样本中 9个正确预测	90	

（2）精度评价结果对比

目前尚未发现有关玉米大小斑病的预测模型预测精度的报道，本研究中的研究总体精度达到了88.9%，达到了课题85%的指标要求。

6.5.9　结论

利用市级气象数据和对应年份的发病数据对模型进行了精度验证，验证结果表明：小麦条锈病预测模型的总体精度达到了87.8%，小麦白粉病的总体预测精度达到了92.8%。达到了课题要求的预测精度85%以上的要求。

6.6　作物病害预测结论

①通过先分区，再进行预测模型构建的方法很好地实现了在区域尺度上条锈病发病等级的预测，通过分区步骤获得了条锈病发病规律相似的同质区域，针对分区结果构建条锈病预测模型使得模型更加有针对性，同时也将各分区间相互作用的因素予以考虑，基于分区结果的预测相较基于行政区划的预测更加科学，更符合条锈病的发生规律，预测精度也相对较高。先分区然后基于分区结果构建模型，最终将各分区结果整合到一起形

成整个区域预测结果，不仅实现了对于大区域尺度的预测，而且保持了较高的预测精度，该方法具有条锈病预测业务化运行的潜力。本研究中，选取宝鸡市岐山县作为监测点进行了实际运用，于2014年4月下旬对岐山县条锈病的发病情况进行了预测，预测结果与实际发病情况相符。下一步的重点为增设监测点使监测点均匀分布于每个分区中并覆盖整个研究区域，每个监测点应至少配备一台自动气象站并在每年秋季和早春每隔一旬进行条锈病田间调查。完成了上述工作后即可对整个陕甘宁三省（区）研究区作出全面预测，形成病害预测结果专题图。

②基于县级行政区划气象参数通过DCA分析和聚类分析相结合的方式对整个研究区域进行了分区，将大区域划分为5个发病规律相似的区域。本书研究在进行分区的过程中重点参考了曾士迈先生等人完成的条锈病流行分区的描述方式，是利用气象等数据进行了病害流行分区，是对前人研究成果在西北地区的细化，以便更好地进行条锈病发生程度的预测。

③基于分区结果分别构建预测模型可以简化模型复杂度，更加直观地选择影响病害发生的关键因子，提高预测的精度。利用适用于关中地区的模型对岐山县历史发病情况的预测精度达到了85.7%，对2014年岐山县的预测结果与实际发病情况相符。

④基于气象站点数据的病害预测模型预测结果仅对气象站点所在的地形区内的病害发生情况，与之相邻的其他地形区病害发生程度可能差异非常大。而基于本文二级分区结果和不同海拔区发病等级回归方程的病害预测方法可以很好解决该问题，该方法适用于某类地形条件气象数据难以获取的情况。对岐山县中海拔和高海拔区的预测结果显示，该方法的预测精度为78.6%。

⑤DCA分析和聚类分析相结合的方法能够较好地完成条锈病发病等级的分区，分区结果与曾士迈先生的论述结果一致，本研究是对前人研究的深入和细化。

⑥本研究只做了宝鸡市6个县地形间发病等级的回归分析，不同地形间的回归方程是否具有广泛的使用性有待进一步验证；一级区中的IV区主

要包括关中平原中早熟冬小麦区和渭北中晚熟冬小麦区，由于该区域东西跨度较大，病害的发病等级西部明显重于东部，因此本研究中的条锈病预测模型在进行模型训练时未使用关中东部地区的发病数据。在预测实例中也相应地选用了关中西部县区。下一步需要对该区域进一步研究，设计适用于关中东部地区的条锈病预测模型。

⑦在病害预测专家系统的构建过程中，某些环境条件组合下缺少历史案例与之对应，在本书的研究中我们采取了人为给定的方式，给定的原则为：利于发病的因素越多，发病等级越高；各等级发病概率的给定采取"单峰"原则，即最高发病概率必须唯一或者相邻，其他等级概率相应降低，总概率为100%。在某些特殊情况下，如某条件组合下有两年的历史案例与之对应，但两年的发病等级分别为2级和4级，这种情况下我们认定3级为最高风险的发病等级，2级和4级是数据样本量小、偶然因素所致。在模型验证过程中，由于研究区域内仅关中西部的宝鸡等发病较为严重的地区按照地形的不同分别统计发病情况。因此，本研究中仅以关中西部为例对模型进行了验证。

⑧本书是在国家科技支撑计划"农业灾害遥感监测、损失评估技术与系统"的资助下完成的，科技支撑计划中要求的病害种类除了小麦条锈病外，还包括小麦白粉病和玉米的大斑病和小斑病。由于篇幅所限，本书仅就条锈病的发病研究和系统构建做了详细的介绍，其他三个病害的研究过程与此相似，仅预测因子和阈值选择上有所差异。本书所构建的系统也同样适用于以上三个病害。

实验针对冬小麦条锈病、白粉病和玉米大、小斑病在西北三省（陕西、甘肃和宁夏）的发病规律，根据区间发病差异原则，形成了西北三省以上四种病害发生程度分区。分区结果符合冬小麦和玉米种植区发病的实际情况，反映出西北三省冬小麦和玉米总体发病趋势。

利用病害的发生程度分区结果对每个分区构建一个专属的病害预测模型进行预测，消除了区域差异对病害发病情况的影响，提高了预测精度，总体精度达到85%以上。

课题选择作物产量损失率指标，对冬小麦条锈病、白粉病和玉米大、小斑病的病害损失进行评价，评价结果可以反映以上病害对作物产量造成的损失。

参考文献

鲍艳，胡振琪，柏玉，等. 2006. 主成分聚类分析在土地利用生态安全评价中的应用[J]. 农业工程学报，22（8）：87-90.

曹克强，王革新，李双悦，等. 1994. 小麦白粉病中期预测模型的建立[J]. 河北农业大学学报（1）：57-61.

曾士迈. 1963. 小麦锈病的大区流行规律和流行区系[J]. 植物保护（1）：10-13.

郭水良，曹同. 2004. 应用除趋势对应分析探讨香茶菜属植物在中国的分布式样[J]. 浙江大学学报（农业与生命科学版），30（1）：1-9.

郭水良，陈建华，王芬，等. 2002. 金华山树种分布与环境的除趋势典范对应分析[J]. 华东师范大学学报（自然科学版）（1）：96-103.

胡小平，杨之为，李振岐，等. 2000. 汉中地区小麦条锈病的BP神经网络预测[J]. 西北农业学报，9（3）：28-31.

李光泉，陈琦，胡亚平，等. 2011. 南方地区冬小麦白粉病预测模型的研究[J]. 农机化研究，33（5）：49-51.

李彤霄. 2013. 我国小麦白粉病预报方法研究进展[J]. 气象与环境科学，36（3）：44-48.

栗红生. 2010. 创建BP神经网络模型预测小麦白粉病[J]. 中国植保导刊，30（11）：32-35.

刘哲，郭静，李绍明，等. 2011. 玉米种植环境小斑病定量表达与验证[J]. 农业工程学报，27（11）：160-163.

钱栓，霍治国，叶彩玲. 2005. 我国小麦白粉病发生流行的长期气象预测研究[J]. 自然灾害学报，14（4）：56-63.

舍莉萍，卢学峰，周玉碧，等. 2015. 六种绿绒蒿植物元素聚类分析和DCA

分析[J].天然产物研究与开发（12）：2 001-2 005.

沈军.2012.气象自动观测值数据处理方法研究[D].长沙：中南大学.

万安民，牛永春，吴立人，等.1999.1991—1996年我国小麦条锈菌生理转化研究[J].植物病理学报（1）：15-21.

万安民，吴立人，贾秋珍，等.2003.1997—2001年我国小麦条锈菌生理小种变化动态[J].植物病理学报，33（3）：261-266.

万安民，吴立人，金社林，等.2002.2000—2001年我国小麦条锈病发生和生理小种监测结果[J].植物保护，28（3）：5-9.

万安民，赵中华，吴立人.2003.2002年我国小麦条锈病发生回顾[J].植物保护（2）：5-8.

王静.2015.多源遥感数据的小麦病害预测监测研究[D].南京：南京信息工程大学.

许丽利.2010.聚类分析的算法及应用[D].长春：吉林大学.

许彦平，姚晓红，王从书，等.2011.甘肃天水市冬小麦条锈病发生发展的气象预测[J].自然灾害学报（1）：142-148.

杨小勇.2013.方差分析法浅析——单因素的方差分析[J].实验科学与技术，11（1）：41-43.

于彩霞，霍治国，黄大鹏，等.2015.基于大尺度因子的小麦白粉病长期预测模型[J].生态学杂志，34（3）：703-711.

云晓微，王海光，马占鸿.2007.利用高空风预测小麦条锈病研究初报[J].中国农学通报，23（8）：358-363.

郧文聚，范金梅.2008.我国土地利用分区研究进展[J].资源与产业，10（2）：9-14.

张映梅，李修炼，赵惠燕.2002.人工神经网络及其在小麦等作物病虫害预测中的应用[J].麦类作物学报，22（4）：84-87.

赵荣钦，黄贤金，钟太洋，等.2010.聚类分析在江苏沿海地区土地利用分区中的应用[J].农业工程学报，26（6）：310-314.

Cajo J F, Ter Braak. 1986. Canonical correspondence analysis：a new

eigenvector technique for multivariate direct gradient analysis[J]. Ecology,
67（5）：1 167-1 179.

Eversmeyer M G, Kramer C L. 2000. Epidemiology of wheat leaf and
stem rust in the central great plains of the USA[J]. Annual Review of
Phytopatholoy, 38（38）：491-513.

作物病害损失研究

7.1　研究目标

　　冬小麦条锈病、白粉病和夏玉米大斑病、小斑病是影响陕西、甘肃、宁夏回族自治区3省（区）的主要病害。以陕西关中地区为例，小麦条锈病自1942年以来先后发生了11次大流行，多次中度流行。在大流行年份感病品种一般减产30%左右，中度流行年份减产10%～20%，特大流行年份减产50%～60%，严重田块甚至绝收。就全国范围来讲，小麦白粉病有日益严重趋势，1981年和1989年，该病在我国大范围流行，被害麦田一般减产10%左右，严重地块损失高达20%～30%，个别地块甚至高达50%以上。玉米大斑病是玉米重要叶部病害，遍及全国，以东北、华北北部、西北和南方山区的冷凉玉米产区发病较重。玉米小斑病从20世纪60年代开始危害日趋严重，成为玉米的重要叶部病害。60年代中期，河北省石家庄市和湖北省宜昌市由于小斑病的严重发生，一般地块减产20%以上，重病田减产高达80%，甚至绝收。

7.2　研究方案

　　病害损失评价指标通常以病害造成的产量损失情况来衡量。病害产量损失情况有两种获取方式，其一，通过历史实际损失数据计算而来，在此称之为"历史损失率"；其二，参照相关的病害损失模型计算病害造成的损失情况，在此称之为"模型损失率"。其中，"历史损失率"通过市、县级植保站统计的作物实际产量和作物因某种病害造成的减产量计算得出。"模型损失率"通过模型所需的各项参数（通常包括关键生育期病害的病情指数），计算病害造成的损失情况，单位为%。

　　本研究主要利用历史损失率和模型损失率这两个指标对病害损失程度进行评价，对于历史损失率，通过历史统计数据计算得出各病害等级下的病害损失阈值，并结合两项指标的实际结果确定最佳的病害损失指标组合，总体技术路线如图7-1所示。

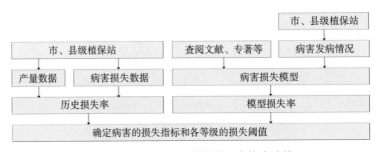

图7-1　病害损失评估模型研究技术路线

7.3　病害损失估计

7.3.1　历史损失率计算

　　搜集陕西、甘肃、宁夏3省（区）病害历史损失数据以及当年作物的产量数据，数据来源主要为陕西、甘肃、宁夏3省（区）市、县级植保站的历年产量统计数据和病害产量损失数据。首先，按照发病等级对病害造成的产量损失和当年实际产量进行汇总。考虑到人为测量、评估和记录等方面的误差因素，使用4倍平均偏差法对统计数据进行取舍，去除其中过大或过小的数据，对剩余值取平均值作为最终的病害损失率。

历史损失率计算公式如下：

$$R(\%)=\frac{L}{P+L}\times 100$$

式中，R为历史损失率，单位为%；P为作物当年的实际产量，单位为kg或t；L为因特定病害造成的损失产量，单位为kg或t。

7.3.2 病害损失模型筛选

7.3.2.1 模型搜索

通过查阅文献，对前人病害损失模型的研究进行总结，搜集到小麦条锈病产量损失模型，如表7-1所示，小麦白粉病产量损失模型，如表7-2所示，玉米大小斑病产量损失模型，如表7-3所示。

表7-1 小麦条锈病产量损失模型

模型	参数	来源
$L(\%)=5.3692+0.5108x(5<x<100)$ $L(\%)=0.3694+0.6132x(0<x<5)$	L—损失率 x—灌浆期病情指数	杨之为等 小麦条锈病产量损失估计（1991）
$L=0.24599+0.63148x$	L—损失率（%） x—扬花期病情指数	主要农作物病虫害测报技术规范应用手册（2010）
$L=2.287+0.278x_1+0.274x_2$	L—产量损失率（%） x_1—扬花期病情指数 x_2—乳熟期病情指数	主要农作物病虫害测报技术规范应用手册（2010）

模型	参数	来源
$L = 0.972 + 0.851x_1 - 1.051x_2 + 0.964x_3 - 0.358x_4 + 0.403x_5 + 0.268x_6$	L—产量损失率（%） x_1—拔节中期病情指数 x_2—孕穗初期病情指数 x_3—孕穗末期病情指数 x_4—抽穗始期病情指数 x_5—扬花期病情指数 x_6—多半仁期病情指数	主要农作物病虫害测报技术规范应用手册（2010）
$L = 748.8 + 5.14x_1 - 10.15x_2 - 1.06x_3 \pm 36.15$	L—产量损失率（%） x_1—5.2旗叶病情指数 x_2—5.2旗下一叶病情指数 x_3—5.21日旗叶病情指数	主要农作物病虫害测报技术规范应用手册（2010）

表7–2　小麦白粉病产量损失模型

模型	参数	来源
$Y = \dfrac{1146.79}{1 + 0.0128DI_1}$	Y为产量 DI_1为抽穗后期病情指数	刘文敏等 小麦白粉病对小麦产量影响初报（1989）
$Y = \dfrac{703.69}{1 + 0.0158DI_1} + \dfrac{579.75}{1 + 0.02DI_2}$	Y为产量 DI_1为抽穗后期病情指数 DI_2为扬花后期病情指数	刘文敏等 小麦白粉病对小麦产量影响初报（1989）
$Y = 0.5567x - 1.5273$	Y为产量损失率 x—灌浆期的病情指数	主要农作物病虫害测报技术规范应用手册（2010）

表7–3　玉米大小斑病产量损失模型

模型	参数	来源
$Y = 28.26 - 0.1351x_1 - 0.1446x_2$	Y—小区的产量 （小区$8 \times 4m^2$） x_1—灌浆期病情指数 x_2—乳熟期病情指数	周汝鸿 玉米小斑病对玉米产量损失影响的初步研究（1979）

7.3.2.2 模型筛选

从各级植保站获取关键生育期病害发病等级数据，作为输入数据输入到病害产量损失模型中，利用当年的实际病害损失作为验证，对模型进行筛选。通过筛选去除掉预测结果明显异常和不适用于西北地区的模型。

7.3.2.3 评价指标确认

小麦条锈病和小麦白粉病历史发病数据较为充足，通过计算获得不同发病等级下实际损失率，因此对于小麦条锈病和小麦白粉病，历史损失率可以作为其损失指标。

对于模型损失率，通过筛选最终选定条锈病预测模型为：

$$L = 2.287 + 0.278x_1 + 0.274x_2$$

玉米大小斑病的预测模型为：

$$L = 28.26 - 0.1351x_1 - 0.1446x_2$$

因此，小麦条锈病和玉米大小斑病，模型损失率可以作为其损失指标。

综合考虑历史损失率和模型损失率的结果，两类损失率都适用于条锈病，仅历史损失率适用于小麦白粉病，仅模型损失率适用于玉米大小斑病，三类病害的损失率指标如表7-4。

表7-4 主要病害损失率指标

	历史损失率	模型损失率
小麦条锈病	√	√
小麦白粉病	√	
玉米大、小斑病		√

在实际应用中，对于小麦白粉病和玉米大小斑病，选择其仅有的损失率指标进行评价即可。对于小麦条锈病，要综合考虑两类指标，针对不同区域确定两类指标的权重系数，通常情况下，以历史损失率为准或对历史损失率赋予高权重。

7.4 病害损失结果

7.4.1 冬小麦条锈病损失评估（表7-5）

表7–5 冬小麦条锈病损失率

发病程度	轻度	偏轻	中度	偏重	重度
病情指数	0.001 ~ 5	5 ~ 10	10 ~ 20	20 ~ 30	>30
历史损失率（%）	0 ~ 2.49	2.49 ~ 3.38	3.38 ~ 6.27	6.27 ~ 8.19	>8.19
模型损失率（%）	0 ~ 2.35	2.35 ~ 2.83	2.83 ~ 4.05	4.05 ~ 7.44	>7.44

7.4.2 冬小麦白粉病损失评估（表7-6）

表7–6 冬小麦白粉病损失率

发病程度	轻度	偏轻	中度	偏重	重度
病情指数	0.001 ~ 10	10 ~ 20	20 ~ 30	30 ~ 40	>40
历史损失率（%）	0 ~ 0.54	0.54 ~ 0.84	0.84 ~ 1.28	1.28 ~ 2.17	>2.17

7.4.3 夏玉米大、小斑病损失评估（表7-7）

表7–7 夏玉米大斑病损失率

发病程度	轻度	偏轻	中度	偏重	重度
病情指数	0.001 ~ 5	5 ~ 10	10 ~ 20	20 ~ 30	>30
模型损失率（%）	0 ~ 2.5	2.5 ~ 7.4	7.4 ~ 14.2	14.2 ~ 24.7	>24.7

参考文献

Paul S. Teng，杨祁云. 1993. 水稻病害系统和病害损失的模拟[J]. 福建农业
科技（1）：43-44.

刘良云，宋晓宇，李存军，等. 2009. 冬小麦病害与产量损失的多时相遥感

监测[J]. 农业工程学报，25（1）：137-143.

刘良云，王纪华，黄文江，等. 2004. 利用新型光谱指数改善冬小麦估产精度[J]. 农业工程学报，20（1）：172-175.

刘文敏，苏祥瑶，陈彤. 1989. 小麦白粉病对小麦产量影响初报[M]. 河北农业大学学报，12（4）：17-20.

马奇祥，张忠山，何家泌，等. 1990. 小麦条锈病、叶锈病和白粉病混合为害对小麦产量的影响[J]. 河南农业大学学报（3）：340-345.

全国农业技术推广服务中心. 2010. 主要农作物病虫害测报技术规范应用手册[M]. 北京：中国农业出版社.

王爽，马占鸿，孙振宇，等. 2011. 基于高光谱遥感的小麦条锈病胁迫下的产量损失估计[J]. 中国农学通报，27（21）：253-258.

吴育英，刘小英，朱彩华，等. 2010. 水稻病虫草综合危害损失评估试验初探[J]. 上海农业科技（4）：126-126.

杨凌峰，易红娟. 2014. 农作物病害损失量估算方法探讨[J]. 植物保护，40（3）：127-129.

杨之为，李振岐，雷银山，等. 1991. 小麦条锈病产量损失估计[J]. 西北农林科技大学学报（自然科学版），（S1）：26-32.

周汝鸿. 1979. 玉米小斑病对玉米产量损失影响的初步研究[J]. 植物保护学报，6（2）：47-54.

Adams M L, Philpot W D, Norell W A, et al. 1999. Yellowness index: an application of spectral second derivatives to estimate chlorosis of leaves in stressed vegetation[J]. International Journal of Remote Sensing, 20（18）: 3 663-3 675.

Kobayashi T, Kanda E, Kitada K, et al. 2001. Detection of rice panicle blast with multispectral radiometer and potential of using airborne multispectral scanners[J]. Phytopathology, 91（3）: 316-323.

Mahey R K, Singh R, Sidhu S S, et al. 1991. The use of remote sensing to assess the effects of water stress on wheat[J]. Experimental Agriculture,

27： 423-429.

Moshou D，Brav C，West J，et al. 2004. Automatic detection of yellow rust in wheat using reflectance measurements and neural network[J]. Computers and Electronics in Agricultural，44（3）：173-188.

Pinter P J，Jackson R D，Idso S B，et al. 1981. Multidate spectral reflectance as predictors of yield in water stressed wheat and barley[J]. International Journal of Remote Sensing，2（1）：43-48.

Raun W R，Johnson G V，Stone M L，et al. 2001. In-season prediction of potential grain yield in winter wheat using canopy reflectance[J]. Agronomy Journal，93（1）：131-138.

Steddom K，Heidel G，Jones D，et al. 2003. Remote detection of rhizomania in sugar beets[J]. Phytopathology，93（6）：720-726.

作物病害监测、预警系统开发

8.1 研究内容

作物病害监测预警系统是在各项研究基础上，对各部分内容进行系统分析，构建相应的软硬件平台，开展系统开发需求与系统开发平台满足程度、系统框架设计（包括系统关键技术算法、系统接口、系统开发语言、系统集成技术），以及模型算法实现与优化计算等方面的研究，遵循系统需求分析、系统架构设计、系统集成开发、系统试运行的流程安排开发顺序，实现农业病害遥感监测与损失评估的标准技术流程的软件工程化，在西北地区农业病害基础数据库支持下，以遥感数据为主要信息源，实现农业病害遥感监测与评价专题产品的生产。

8.2 技术路线

8.2.1 研究方案

在课题其他子课题研究基础上，对各部分内容进行系统分析，遵循系统需求分析、系统架构设计、系统集成开发、系统试运行的流程安排开发顺序；顶层采用面向用户的系统功能模块设计方式，底层采用数据库分层管理的方式进行设计；利用现有面向对象、组件式系统开发平台，进行农业病害遥感监测与评价系统进行开发；针对研究区域、目标灾害，在示范区进行系统试运行。

数据库架构设计与实现采用Oracle10g，数据格式可分为空间矢量数据、遥感影像数据、属性数据、文档数据，以及多媒体数据等，具体内容包括基础地理信息数据库、多源遥感影像数据库、地面观测数据库、农业灾害背景数据库、农业气象站点观测数据库、农业与农村经济统计数据库、系统管理信息数据库等。系统建立元数据库进行数据的查询和管理。

系统开发技术流程如图8-1所示。

图8-1　农业病害遥感监测与评价系统开发方案

8.2.2　技术路线

根据本项目实际需求，软件开发基于"分层设计、模块构建"的思想，划分不同功能模块的逻辑结构，描述系统主要接口，以保证系统结构的合理性、可扩展性。具体描述如下。

①采用分模块进行开发，根据模块的功能划分几个大的子系统，每个子系统均可实现内容的扩展，为后续工作提供方便。②采用统一建模语言UML作为系统建模语言，在系统需求分析、概要设计、详细设计中使用。③按照灾害业务流程设计，为后续农业灾害遥感监测示范系统开发方向、开发内容、设计思想提供参考。④系统测试按RUP的软件开发管理模式中测试流程和规范，采用多种软件测试工具和缺项管理软件，提高软件质量。

8.3 作物病害监测、预警系统需求分析

8.3.1 总体需求分析

主要针对本研究涉及的基于气象信息的作物病害预警，基于遥感数据和气象信息的作物病害监测以及作物病害损失评估3部分内容，分析其关键技术研究成果，形成作物病害监测预警的工程化标准生产流程，最后进行软件代码编写，完成作物病害遥感监测与评价系统开发。按照产品输入、生产过程和输出，系统主要包括了数据处理模块、病害预警模块、病害监测模块、损失评估模块、质量检验模块、专题图制作模块、数据管理模块。

8.3.2 功能需求分析

经过需求分析，本系统应包含数据处理、病害预警、病害监测、损失评估、质量检验、综合制图、数据库管理7部分功能需求，具体的功能需求概述如下。

8.3.2.1 数据处理

数据处理模块包括遥感影像和气象观测数据的预处理，实现对遥感影

像的镶嵌、裁切、校正、气象数据的空间插值。

8.3.2.2 病害预警

病害预警实现病害严重度分区，小麦条锈病、白粉病和玉米大斑病、小斑病的预警。

8.3.2.3 病害监测

农作物病害监测主要实现病害适宜发生范围提取、健康/受灾作物范围提取、作物病害监测产品的生产等功能。

8.3.2.4 损失评估

损失评估模块实现冬小麦条锈病、冬小麦白粉病、玉米大小斑病的损失评估。

8.3.2.5 质量检验

质量检验主要为实现对于作物病害预警产品、作物病害监测产品的精度检验功能，应包括地面调查数据评价、平行评价、自定义评价三个子功能。

8.3.2.6 综合制图

综合制图主要为实现栅格、矢量产品的符号化、产品整饰出图功能，应包括数据导入，点、线、面产品的渲染，专题图图幅整饰配置，专题图打印输出等子功能。

8.3.2.7 数据库管理

影像数据管理主要针对原始卫星影像，病害监测预警产品、地面监测数据、基础地理、病害害监测指标等数据进行管理，实现数据的导入、导出、查询检索、浏览等功能。

8.4　作物病害监测、预警系统设计与实现

8.4.1　结构设计

本系统主要分为支撑层、数据层、服务层、应用层和用户层。其中支撑层主要有计算机硬件和网络环境组成计算机业务支撑平台；数据层主要运行数据与数据库管理模块；组件层主要由各种功能组件及服务组成；应用层主要包括数据预处理、预警产品生产、监测产品生产和质量检验等业务应用模块，图8-2为农业病害遥感监测与评价系统结构图。

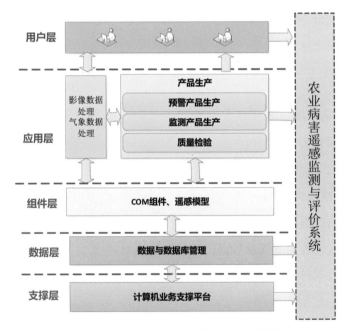

图8-2　农业病害遥感监测与评价系统结构

8.4.2　功能设计

本系统包含影像数据处理、气象数据处理、病害预警、病害监测、损失评估、质量检验、综合制图、数据库管理7部分功能。

8.4.2.1 影像数据处理

- **模块功能**

利用农业资源目标特征库、数据产品、地面测量数据和其他数据信息，在空间分析技术支撑下，对影像进行处理。

- **子模块设计**

数据加载：加载栅格或矢量数据到系统界面显示区；

数据裁切：利用矢量、栅格、掩膜等方法对遥感影像按照需要的范围进行裁切；

数据镶嵌：将两幅或两幅以上邻接的遥感影像进行拼接，使之成为一幅完整的遥感影像；

数据融合：是将相同位置不同分辨率的两景影像进行复合变换，生成新的分辨率遥感影像。

8.4.2.2 气象数据处理

- **模块功能**

在空间分析技术支撑下，以气象台站观测数据文本文件为输入，进行气象数据的空间插值及其批处理。

- **子模块设计**

气象数据提取：将气象站点中的与计算相关的数据提取出来，按照模型所需格式生成新的气象数据；

气象数据转换：将气象数据提取出来的气象站点数据转换成空间点位信息数据；

克里金插值：将气象站点中的气象数据采用克里金插值的模型进行气象插值；

反距离插值：将气象站点中的气象数据采用反距离插值模型进行气象插值；

样条函数插值：将气象站点中的气象数据采用样条函数插值模型进行气象插值。

8.4.2.3　病害监测

- **模块功能**

利用农业资源目标特征库、数据产品、地面测量数据和其他数据信息，在空间分析技术支撑下，对小麦白粉病、小麦条锈病、玉米大斑病进行监测，并生产农作物病害监测数据。

- **子模块设计**

病害适宜发生范围：利用气象站点数据、植保病害数据经过Fisher模型进行病害发生程度预测，提取病害适宜发生范围；

健康区域栅格影像提取：在病害适宜发生范围数据中，提取健康作物的种植区域；

灾害区域栅格影像提取：在病害适宜发生范围数据中，提取受灾作物的种植区域；

小麦白粉病监测：在受灾作物的种植区域数据基础上，结合遥感影像光谱特征，提取小麦白粉病作物受灾范围，生产小麦白粉病灾害监测产品；

小麦条锈病监测：在受灾作物的种植区域数据基础上，结合遥感影像光谱特征，提取小麦条锈病作物受灾范围，生产小麦条锈病灾害监测产品；

玉米大斑病监测：在受灾作物的种植区域数据基础上，结合遥感影像光谱特征，提取玉米大斑病作物受灾范围，生产玉米大斑病灾害监测产品。

8.4.2.4　病害预警

- **模块功能**

在病害预测专家知识库和作物种植分布信息的支持下，以旬（月）降水量距平百分率、旬（月）平均温度、预测时的发病情况（DI）为输入因子，划分病害风险区，并根据冬小麦和夏玉米不同病害临界值，对风险区冬小麦和夏玉米进行病害预警。

- **子模块设计**

病害严重度分区：基于气象数据和作物种植区域数据对冬小麦和夏玉米病害发病的风险程度进行区分；

冬小麦条锈病预警：利用气象站点数据和植保站条锈病发病情况数据做训练样本，对监测区冬小麦条锈病进行预警监测；

冬小麦白粉病预警：利用气象站点数据和植保站白粉病发病情况数据做训练样本，对监测区冬小麦白粉病进行预警监测；

夏玉米大小斑病预警：利用气象站点数据和植保站大小斑病发病情况数据做训练样本，对监测区夏玉米大小斑病进行预警监测。

8.4.2.5 损失评估

- **模块功能**

以病害损失率为病害损失指标，结合当年作物产量数据对冬小麦和夏玉米不同发病程度导致的损失进行评估，计算作物损失率。

- **子模块设计**

作物物候期反演，利用监测区经度、纬度、高程和历史作物物候期观测数据，生成小麦、玉米和水稻的标准物候期空间分布；

冬小麦条锈病损失：根据冬小麦条锈病发病程度和物候期信息计算冬小麦损失率；

冬小麦白粉病损失：根据冬小麦条锈病发病程度和物候期信息计算冬小麦损失率；

玉米大小斑病损失：根据玉米大小斑病发病程度和物候期信息计算玉米损失率。

8.4.2.6 质量检验

- **模块功能**

利用地面实测数据、统计数据和其他数据等，依据一定的标准，对指数产品、专题产品生产进行精度验证。

- **子模块设计**

实测数据验证，根据试验站地面样方数据、根据地面实测统计数据等等内容，利用系统检验模型，对反演的指数产品进行精度验证；

平行验证，根据试验站地面样方数据、根据地面实测统计数据等等内容，利用系统检验模型，对反演的专题产品进行精度验证；

自定义验证，根据试验站地面样方数据、根据地面实测统计数据等等内容，利用系统检验模型，对反演的专题产品进行精度验证。

8.4.2.7 专题图制作

- **模块功能**

对生产的产品进行专题渲染、统计分析，利用图幅整饰工具，添加图例、指北针、比例尺、文本等信息制作专业、美观的专题图。

8.4.2.8 数据库管理

- **模块功能**

对数据库表数据进行管理维护，如对数据进行查找、定位，新增、修改、删除数据，导出、导入数据等功能。

- **子模块设计**

数据导入：能够将灾害监测所需数据（如遥感数据、地面测量数据、土壤参数数据、统计数据等）和系统生成完成的灾害监测成果数据导入到数据库中；

数据导出：能够将用户查询、选择的数据导出到指定存储空间；

数据查询：能够按照用户指定的条件进行查询，并能够将查询结果展示出来；

删除数据：能够将用户选中的数据删除，在删除之前，需要用户再次确认；

修改数据：修改选中的信息，在用户保存修改内容时，需要确认；

加载到地图：能够将用户选中的空间数据在地图上展示出来；

显示详细信息：显示用户选中数据的详细元数据信息；

行政区划管理：能够对行政区划数据进行新增、修改、删除等操作；

用户管理：能够对用户实现新增、修改、删除、权限设置等操作。

8.4.3 数据库设计

数据库系统运行在Windows 2008 Server 环境，主要包括数据库服务器、磁盘阵列、备份归档设备、存储网络设备和相关支持软件等。

数据库服务器采用高性能服务器，磁盘阵列存放数据库文件和业务数据文件，磁带库在数据存储软件等支持下，实现数据库数据归档和回迁、系统备份和恢复。

8.4.3.1 结构设计

（1）概念结构设计

- **数据库E-R设计图（图8-3）**

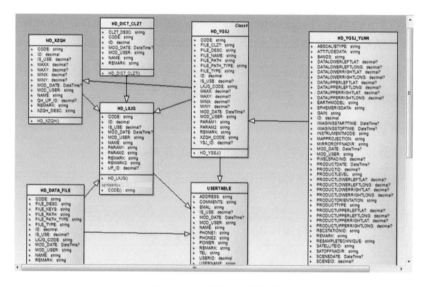

图8-3 数据库E-R设计图

- **E-R设计图说明（表8-1）**

表8-1 数据库E-R设计说明

序号	实体名称/标识	实体描述	备注
1	HD_DATA_FILE	存储普通文件的表	
2	HD_XZQH	行政区划或区表	

序号	实体名称/标识	实体描述	备注
3	HD_YGSJ_YUAN	遥感影像的元数据信息	
4	HD_YGSJ	遥感数据的存储表	
5	HD_LXJG	类型结构表	
6	USERTABLE	用户管理的表	
7	HD_DICT_CLZT	遥感数据处理状态表	

（2）逻辑结构设计

- **数据库逻辑模式（逻辑图）（图8-4）**

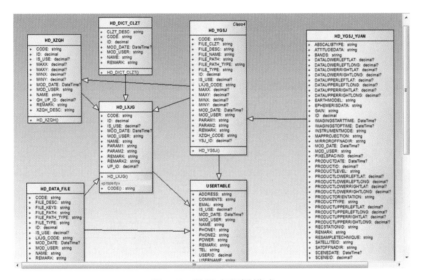

图8-4　数据库逻辑模式

- **数据库逻辑模式说明（表8-2）**

表8-2　数据库逻辑设计说明

实体名称	存储普通文件的表	实体标识	HD_DATA_FILE		
序号	属性名称/标识	主键（Y/N）	外键（Y/N）	父实体名称/标识	
	唯一编码	CODE	XZQH_CODE	HD_LXJG	
			LXJG_CODE	HD_XZQH	

实体名称	存储普通文件的表	实体标识		HD_DATA_FILE
实体名称	类型结构表	实体标识		HD_LXJG
序号	属性名称/标识	主键（Y/N）	外键（Y/N）	父实体名称/标识
	编码，唯一	CODE	XZQH_CODE	HD_LXJG
			LXJG_CODE	HD_XZQH
实体名称	用户管理表	实体标识		USERTABLE
序号	属性名称/标识	主键（Y/N）	外键（Y/N）	父实体名称/标识
	用户ID	USERID	MOD_USER	HD_YGSJ
				HD_LXJG
				HD_XZQH
				HD_DATA_FILE

8.4.3.2 数据字典详细设计

（1）表汇总（表8-3）

表8-3 表汇总

表名	功能说明
HD_DATA_FILE	存储普通文件的表
HD_XZQH	行政区划或区表
HD_YGSJ_YUAN	遥感影像的元数据信息
HD_YGSJ	遥感数据的存储表
HD_LXJG	类型结构表
USERTABLE	用户管理的表
HD_DICT_CLZT	遥感数据处理状态表

（2）用户管理的表（表8-4）

表8-4 用户管理

序号	列名	数据类型	长度	小数位	标识	主键	外键	允许空	默认值	说明
1	USERID	NUMBER	10	0		是		否		用户ID

序号	列名	数据类型	长度	小数位	标识	主键	外键	允许空	默认值	说明
2	USERNAME	VARCHAR2	20					否		用户CODE
3	USERPASS WORD	VARCHAR2	20					是	123456	用户密码
4	USERSTATE	NUMBER	5	0				是	0	
5	COMMENTS	VARCHAR2	50					是		
6	NAME	VARCHAR2	50					是		姓名
7	EMAL	VARCHAR2	50					是		E-mail
8	PHONE1	VARCHAR2	50					是		联系方式1
9	PHONE2	VARCHAR2	50					是		联系方式2
10	TEL	VARCHAR2	50					是		座机
11	ADDRESS	VARCHAR2	200					是		地址
12	POWER	VARCHAR2	50					是	'NORMAL_ USER'	权限，ADMIN为管理员，NORMAL_ USER 为普通用户
13	IS_USE	NUMBER	1	0				是	1	是否可用，0不可用，1可用
14	REMARK	VARCHAR2	200					是		备注
15	MOD_USER	VARCHAR2	100					是		修改人
16	MOD_DATE	DATE	7					是		修改时间

（3）遥感影像的元数据信息（表8-5）

表8-5　遥感影像元数据

序号	列名	数据类型	长度	小数位	标识	主键	外键	允许空	默认值	说明
1	ID	NUMBER	10	0		是		否		元数据 ID

序号	列名	数据类型	长度	小数位	标识	主键	外键	允许空	默认值	说明
2	PRODUCTID	NUMBER	5	0				是		产品序列号
3	SCENEID	NUMBER	5	0				是		景序列号
4	SATELLITEID	VARCHAR2	10					是		卫星标识
5	SENSORID	VARCHAR2	10					是		传感器
6	RECSTATIONID	VARCHAR2	10					是		
7	PRODUCTDATE	DATE	7					是		生产日期
8	PRODUCTLEVEL	VARCHAR2	10					是		产品级别
9	PIXELSPACING	NUMBER	10	0				是		空间分辨率（像元间距）
10	PRODUCTTYPE	VARCHAR2	10					是		生产类型（标准景、浮动景、条带景）
11	SUNELEVATION	NUMBER	10	0				是		太阳高度角
12	SUNAZIMUTH-ELEVATION	NUMBER	10	0				是		太阳方位角
13	SCENEDATE	DATE	7					是		景的日期（图像采集日期）
14	SCENETIME	NUMBER	10	0				是		景中心的采集时间
15	INSTRUMENT-MODE	VARCHAR2	10					是		工作模式
16	IMAGINGSTART-TIME	DATE	7					是		该景各波段起始采集时间

序号	列名	数据类型	长度	小数位	标识	主键	外键	允许空	默认值	说明
17	IMAGINGSTOP-TIME	DATE	7					是		该景各波段结束采集时间
18	GAIN	VARCHAR2	10					是		该景各波段增益
19	SATOFFNADIR	VARCHAR2	10					是		卫星侧摆角度
20	MIRROROFFNA-DIR	VARCHAR2	10					是		相机侧摆角度
21	BANDS	VARCHAR2	10					是		波段号列表（以逗号分隔）
22	ABSCALIBTYPE	VARCHAR2	10					是		绝对定标系数
23	EARTHMODEL	VARCHAR2	10					是		地球模型
24	MAPPROJEC-TION	VARCHAR2	10					是		地图投影
25	RESAM-PLETECHNIQUE	VARCHAR2	10					是		重采样技术
26	PRODUCTORI-ENTATION	VARCHAR2	10					是		产品图像取向
27	EPHEMERISDA-TA	VARCHAR2	10					是		星历数据使用
28	ATTITUDEDATA	VARCHAR2	10					是		姿态数据使用
29	DATAUPPER-LEFTLAT	NUMBER	10	7				是		图像左上角纬度
30	DATAUPPER-LEFTLONG	NUMBER	10	7				是		图像左上角经度
31	DATAUPPERRI-GHTLAT	NUMBER	10	7				是		图像右上角纬度

序号	列名	数据类型	长度	小数位	标识	主键	外键	允许空	默认值	说明
32	DATAUPPERRI-GHTLONG	NUMBER	10	7				是		图像右上角经度
33	DATALOWER-LEFTLAT	NUMBER	10	7				是		图像左下角纬度
34	DATALOWER-LEFTLONG	NUMBER	10	7				是		图像左下角经度
35	DATALOWERRI-GHTLAT	NUMBER	10	7				是		图像右下角纬度
36	DATALOWERRI-GHTLONG	NUMBER	10	7				是		图像右下角经度
37	PRODUC-TUPPERLEFT-LAT	NUMBER	10	7				是		产品左上角纬度
38	PRODUC-TUPPERLEFT-LONG	NUMBER	10	7				是		产品左上角经度
39	PRODUC-TUPPERRIGHT-LAT	NUMBER	10	7				是		产品右上角纬度
40	PRODUC-TUPPERRIGHT-LONG	NUMBER	10	7				是		产品右上角经度
41	PRODUCTLOW-ERLEFTLAT	NUMBER	10	7				是		产品左下角纬度
42	PRODUCTLOW-ERLEFTLONG	NUMBER	10	7				是		产品左下角经度
43	PRODUCTLOW-ERRIGHTLAT	NUMBER	10	7				是		产品右下角纬度
44	PRODUCTLOW-ERRIGHTLONG	NUMBER	10	7				是		产品右下角经度
45	REMARK	VARCHAR2	400					是		备注
46	MOD_USER	VARCHAR2	100					是	'admin'	修改人

续表

序号	列名	数据类型	长度	小数位	标识	主键	外键	允许空	默认值	说明
47	MOD_DATE	DATE	7					是	sysdate	修改时间

（4）遥感数据的存储表（表8-6）

表8-6　遥感影像数据

序号	列名	数据类型	长度	小数位	标识	主键	外键	允许空	默认值	说明
1	ID	NUMBER	10	0		是		否		ID
2	CODE	VARCHAR2	100					否		编码，GUID
3	LXJG_CODE	VARCHAR2	100					是		类型结构的 CODE
4	XZQH_CODE	VARCHAR2	100					是		行政区划（或区的 CODE）
5	FILE_NAME	VARCHAR2	200					是		文件名称
6	FILE_TYPE	VARCHAR2	10					是		文件的扩展名（或文件类型）
7	FILE_PATH	VARCHAR2	300					是		文件相对存储路径
8	FILE_PATH_TYPE	VARCHAR2	100					是		文件存储路径的类型(扩展)
9	FILE_CLZT	VARCHAR2	100					是		遥感数据的处理状态(字典)
10	YSJ_ID	NUMBER	10	0				是		元数据的 ID
11	REMARK	VARCHAR2	1000					是		备注
12	FILE_DESC	VARCHAR2	300					是		描述
13	PARAM1	VARCHAR2	100					是		保留字段

中国农业灾害遥感监测·病害卷

序号	列名	数据类型	长度	小数位	标识	主键	外键	允许空	默认值	说明
14	PARAM2	VARCHAR2	100					是		保留字段
15	IS_USE	NUMBER	1	0				是	1	是否删除，0删除，1正常
16	MOD_USER	VARCHAR2	100					是	'admin'	修改人
17	MOD_DATE	DATE	7					是	sysdate	修改时间
18	MINX	NUMBER	10	7				是		两个角点的坐标（建议经纬度）
19	MINY	NUMBER	10	7				是		
20	MAXX	NUMBER	10	7				是		
21	MAXY	NUMBER	10	7				是		

（5）行政区划或区表（表8-7）

188

表8-7　行政区划与区

序号	列名	数据类型	长度	小数位	标识	主键	外键	允许空	默认值	说明
1	ID	NUMBER	10	0		是		否		ID
2	CODE	VARCHAR2	100					否		唯一编码
3	NAME	VARCHAR2	200					是		名称
4	XZQH_DESC	VARCHAR2	1000					是		描述
5	MINX	NUMBER	10	7				是		两个角点坐标（建议都统一为经纬度）
6	MINY	NUMBER	10	7				是		
7	MAXX	NUMBER	10	7				是		

序号	列名	数据类型	长度	小数位	标识	主键	外键	允许空	默认值	说明
8	MAXY	NUMBER	10	7				是		
9	REMARK	VARCHAR2	400					是		备注
10	QH_UP_ID	NUMBER	10	0				是	0	所属ID,（0为跟,不应改动）
11	IS_USE	NUMBER	1	0				是	1	是否被删除（0被删除）
12	MOD_USER	VARCHAR2	100					是	'admin'	修改人
13	MOD_DATE	DATE	7					是	sysdate	修改时间

（6）类型结构表（表8-8）

表8-8　类型结构

序号	列名	数据类型	长度	小数位	标识	主键	外键	允许空	默认值	说明
1	ID	NUMBER	10	0	是			否		ID
2	CODE	VARCHAR2	100					否		编码,唯一
3	NAME	VARCHAR2	200					否		类型结构名称
4	IS_USE	NUMBER	1	0				是	1	是否删除,0删除,1正常
5	REMARK	VARCHAR2	1000					是		备注
6	REMARK2	VARCHAR2	1000					是		描述信息
7	PARAM1	VARCHAR2	200					是		保留字段1
8	PARAM2	VARCHAR2	200					是		保留字段2
9	MOD_USER	VARCHAR2	100					是	'admin'	修改人
10	MOD_DATE	DATE	7					是	sysdate	修改时间

序号	列名	数据类型	长度	小数位	标识	主键	外键	允许空	默认值	说明
11	UP_ID	NUMBER	10	0				是	0	所属ID（0为最高级）

（7）遥感数据处理状态表（表8-9）

表8-9　遥感数据处理状态

序号	列名	数据类型	长度	小数位	标识	主键	外键	允许空	默认值	说明
1	ID	NUMBER	10	0		是		否		ID
2	CODE	VARCHAR2	100					否		编码，唯一
3	NAME	VARCHAR2	200					是		处理状态名称（如校正后）
4	CLZT_DESC	VARCHAR2	300					是		描述
5	REMARK	VARCHAR2	400					是		备注
6	MOD_USER	VARCHAR2	100					是	'admin'	修改人
7	MOD_DATE	DATE	7					是	sysdate	修改时间

（8）存储普通文件的表（表8-10）

表8-10　存储普通文件

序号	列名	数据类型	长度	小数位	标识	主键	外键	允许空	默认值	说明
1	ID	NUMBER	10	0		是		否		ID
2	CODE	VARCHAR2	100					否		唯一编码
3	NAME	VARCHAR2	200					否		文件名称
4	XZQH_CODE	VARCHAR2	100					是		行政区划的CODE

续表

序号	列名	数据类型	长度	小数位	标识	主键	外键	允许空	默认值	说明
5	LXJG_CODE	VARCHAR2	100					是		类型结构的CODE
6	FILE_PATH	VARCHAR2	300					是		文件存储路径
7	FILE_PATH_TYPE	VARCHAR2	100					是		存储路径的类型
8	FILE_DESC	VARCHAR2	500					是		文件描述
9	FILE_KEYS	VARCHAR2	100					是		关键字
10	FILE_TYPE	VARCHAR2	10					是		文件的扩展名
11	IS_USE	NUMBER	1	0				是	1	是否删除，0为删除
12	REMARK	VARCHAR2	400					是		备注
13	MOD_USER	VARCHAR2	100					是	'admin'	修改人
14	MOD_DATE	DATE	7					是	Sysdate	修改时间
15	GCSJ	DATE	7					是	sysdate	观测时间

8.4.4 接口设计

8.4.4.1 用户接口

系统的用户界面将按照用户日常业务操作习惯，结合通用的设计规则进行设计，使得页面整体布局合理，页面元素美观大方、突出业务特点，在具体的录入表单中，提供录入项之间的灵活导航，提高操作效率。对于特殊项（如非空项、选择项等）以醒目的方式显示，在用户操作中发生的系统异常或操作错误，以对话框形式进行友好的提示。

8.4.4.2 外部接口

系统涉及内外网间的数据交换，结合应用系统实际情况，内外网之间采用网闸或光盘拷贝进行网络隔离，系统与网闸及相关网络设备存在接口。

8.4.4.3　内部接口

本系统主要包括数据处理、病害预警、病害监测、损失评估、质量检验及数据库管理等几大模块。其中遥感影像格式、气象数据格式应为数据处理及产品生产可识别的格式；数据处理的结果必须能为病害预警和病害监测模块所用；数据库管理模块必须能将前面所有产品进行入库和查询下载。

8.4.5　性能设计

8.4.5.1　性能要求

稳定性：在利用本系统正常的工作中，不应出现妨碍工作顺利进行的系统错误或意外中止的情况。

处理速度：系统处理过程中会以进度条的方式提示用户当前进度。

数据精度：本系统中的数据精度，以计算结果稳定、准确为原则，不同计算功能可定义不同的数据精度。

8.4.5.2　可靠性要求

系统需要有较高的可靠性和较强的容错性，能够应对用户的错误输入和操作，避免出现系统错误，并给出合理的错误提示信息。

8.4.5.3　系统交互要求

系统为单机桌面版软件，要求有好的用户体验，方便交互操作。

具有易理解性，软件界面采用便于用户理解的设计，采用统一风格的可视化界面，输入界面应具有完整的无二义性的提示信息；

具有易操作性，通过鼠标和键盘进行操作；

需具有可学习性，使熟悉Windows系统及常用GIS、RS软件的操作人员经过简单培训就能操作使用。

8.4.5.4　可维护性要求

系统要求有可维护性，建设中遵循统一的代码规范，使用模块化的程序设计，以及提交必备的文档，以便于修改和功能的扩展。

代码编写应采用统一的变量定义规则，要有完善的文档，文档要与代码同步，代码有清晰地注释。

要保存完整的开发文档，如需求分析、概要设计、详细设计、算法设计等，并随开发的推进保持更新。

对影响系统运行进行日志记录，方便软件开发人员开展维护管理工作。

8.4.6 系统实现

8.4.6.1 影像数据处理（图8-5）

图8-5 影像数据处理界面

8.4.6.2 气象数据处理（图8-6）

图8-6 气象数据处理界面

8.4.6.3 病害监测（图8-7）

图8-7 病害监测界面

8.4.6.4 病害预警（图8-8）

图8-8 病害预警界面

8.4.6.5　损失评估（图8-9）

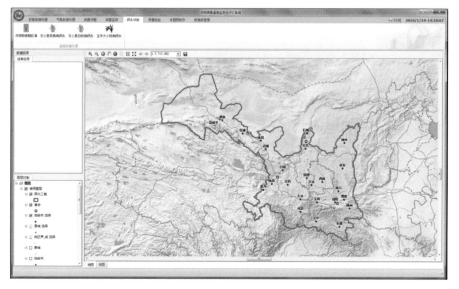

图8-9　损失评估界面

8.4.6.6　质量检验（图8-10）

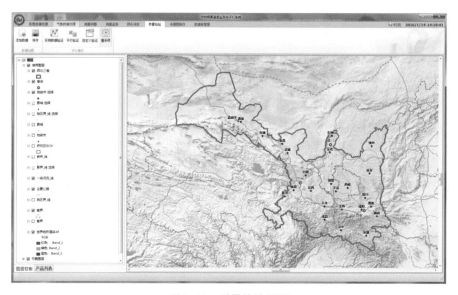

图8-10　质量检验界面

8.4.6.7 专题图制作（图8-11）

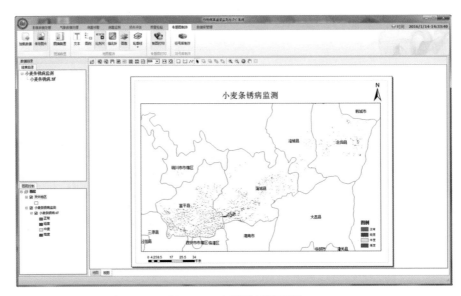

图8-11 专题图制图界面

8.4.6.8 数据库管理（图8-12）

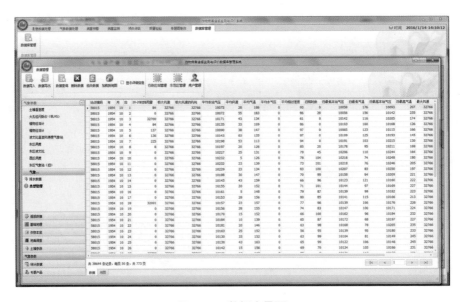

图8-12 数据库界面

　　系统总体上通过收集病害基础数据、病害监测数据、气象数据、专家经验数据、历史案例数据、遥感数据等其他数据，利用多源数据，采用模糊推理、案例信息提取、因果关系网等技术提取出相关的规则性知识，组合生成专家知识库，通过对模型进行灵敏度分析以及有效性验证等方式，使模型最大程度的与客观规律相拟合，最后用程序实现对于模型的调用与维护，开发出原型系统，从而构建出农业病害的预测预报评价模型。

　　农业病害预测专家系统是将预测模型进行可视化的过程，在构建专家系统时采用向导的方法逐步引导用户选择相应模型或填入相应的预测参数，填入所有所需参数后系统会依据构建好的专家知识库进行推理判断，并将结果以直方图的形式展示出来。通过此种方式，最大限度地降低了用户使用模型的操作难度。专家系统的核心模块为病害预测模块，在此基础上系统对数据管理、用户管理等辅助模块进行了扩展。农业病害预测专家系统是在IPMist实验室自主开发的农业主要病虫害监测预警系统通用平台基础上经过二次开发而构建。系统继承了通用平台的诸多优点，并对通用平台进行了针对性的修改，使其更加适用于条锈病的预测。通用平台提供了构建各类预测专家系统的框架，但仍需要通过二次开发将具体的预测模型和通用平台进行整合。在本次研究中，依据分区结果构建了四个预测专家系统模型并将其整合进通用平台。此外，还将前人研究的作物病害定量预测模型进行了整合，形成了作物病害预测专家系统。

8.5.1　主要技术

　　系统采用PHP语言开发，数据库采用开源的MySQL数据库，Web服务器采用Apache，PHP+MySQL+Apache的组合被计算机领域誉为"黄金组合"的LAMP架构，它拥有很大的兼容度，共同组成了一个强大的Web应用程序平台。除此之外，LAMP架构还具有免费开源的优势，这也大大降低了开发成本；系统采用MVC架构，即数据模型、用户界面和控制器三者相互独立，数据模型和用户界面间代码分离并由控制器负责数据模型和用户界面的同步性，这种方式实现了对数据模型和用户界面的封装，每次使用时只需调用即可，大大提高了代码的重复利用率；系统的各模块间物理隔离相互独立，可以方便地对模块进行添加和删除；系统还使用了CSS样式使系统更加美观，使用了用户访问权限机制增强了系统的安全性。

8.5.2　主要模块

农业病害预测专家系统主要包括数据管理模块、用户管理模块、专家系统模块、预测模型模块和地理信息模块系统的主界面如图8-13所示，其中专家系统模块为核心模块，本次研究所得到的专家知识库、案例库及推理规则都包含在此模块中，在系统应用实例部分将结合具体实例对该模块进行详细阐述。数据管理是系统的基础模块，主要负责收集和汇总病害预测所需的气象数据和历史发病数据，包括对调查数据和气象数据的管理两大部分，是进行病害管理和预测的基本依据。用户管理是平台的必须模块，是控制系统进入的门户，对系统的安全性有至关重要的作用，该模块主要包括对系统用户的添加、删除及用户权限的管理，其中guest用户只可以浏览部分内容，不可以对内容进行编辑或删除，管理员用户具有对数据进行增删改查的全部权限。专家系统模块和模型预测模块是系统的主要预测部分，前者是系统的核心，主要通过构建好的专家预测模型进行预测。后者主要通过编程集成前人研究的定量预测模型到系统中，然后通过输入模型所需的各项参数实现预测。

图8-13　系统总体界面

8.5.3 模块关系

系统各模块代码相互物理隔离，但在功能上各模块之间密切联系。数据管理模块可以对测报数据和气象数据进行高效管理，该模块中的数据可以作为专家系统模块和模型预测模块输入参数，专家系统预测和模型预测结果将在地理信息模块进行展示。用户管理模块控制被允许登陆该系统的所有用户，是执行各类操作的前提。系统各模块间的关系如图8-14所示。

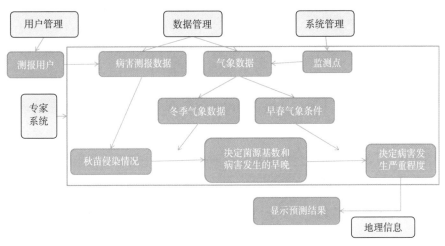

图8-14 小麦条锈病预测专家系统各模块间关系

8.5.4 模块功能

主要包括数据管理功能、用户管理功能、系统管理功能、模型预测功能、专家预测功能和地理信息显示功能：数据管理功能主要包括调查数据和气象数据管理两部分。在调查数据管理中可以进行调查数据的上报和查看操作，调查数据的上报支持Excel批量上传和逐条上传两种方式。查看数据是可以通过监测点和上报时间等筛选条件进行查看。气象数据除了可以通过批量或逐条上报外，还可以与田间自动气象站进行对接，将气象站记录的数据实时传输到系统数据库内，如图8-15所示。

图8-15　数据管理模块

用户管理功能主要包括用户的添加和删除、角色管理以及权限管理。该模块主要实现了用户登陆系统所需的账号管理功能，在该模块中通过向不同用户分配不同的角色实现对权限的控制，其中管理员权限可以查看所有的模块并可对各模块的数据进行编辑，guest用户只有部分浏览权限。通过权限控制保障了系统的安全性，如图8-16所示。

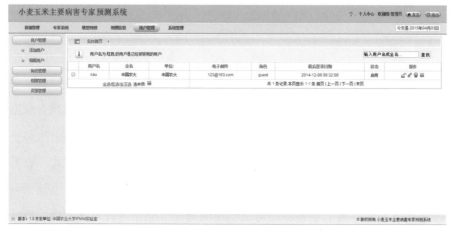

图8-16　用户管理模块

专家系统模块是整个系统的最为核心的模块，该模块可以通过向导选择专家经验库，逐步输入预测参数，系统会依据输入的参数自动与专家知识库和案例库进行比对，并将与输入环境因子相近条件下的发病等级作为输出结果，如果知识库和案例库中某一特定环境条件下有多条记录与之对应且最终发病等级不同，则对所有记录进行统计，显示发病等级及各等级下发病的概率值。该模块支持病害种类管理、病害发病等级管理、病害发病条件管理和历史案例查询等功能，如图8-17所示。

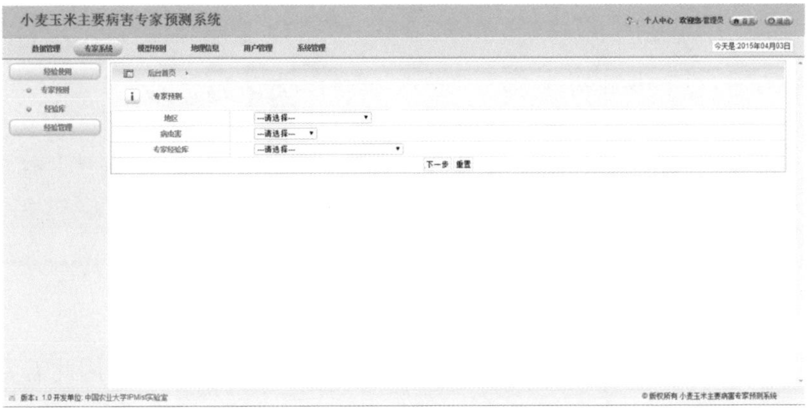

图8-17　专家系统模块

模型预测模块主要作用是将前人研究所得的定量模型整合入系统，用户只需输入模型所需的预测参数即可依据定量预测模型输出预测结果。该预测结果可以与上述专家系统预测结果进行相互验证。该模块主要提供模型的新增、编辑和历史预测查询等功能，如图8-18所示。

图8-18　模型预测模块

地理信息模块主要是实现预测结果空间展示，本模块中调用了百度地图API接口，接口可以实现对县市级行政区划预测结果的展示，如图8-19所示。

图8-19　地理信息模块

通过病害严重度分区发现，病害发生的区域性差异明显，因此需要按照分区结果对每个分区构建一个预测模型。

通过查阅文献，筛选影响病害发生的关键因子：首先筛选对病害发生相关的所有关键因子，然后将不易获取的因子去除以方便用户理解和输入。

表8-11　病害关键因子的筛选

影响病害发生的因子	单位或描述	操作及原因
旬（月）降水量距平百分率	%	选用
旬（月）平均温度	℃	选用
预测时的发病情况（DI）	无|零星|点片发生（0|5|10）	选用，仅需对病害常发区域进行病害调查，确定发病情况
空气湿度	%	舍弃，该指标受田间具体地况影响较大
旬（月）降雨天数	天	舍弃，降雨天数不能体现降雨的绝对量

影响病害发生的因子	单位或描述	操作及原因
旬（月）降水量	mm	舍弃，降雨的距平白粉病与病害发生关系更密切
旬（月）温度距平百分率	%	舍弃，病害发生情况与温度的绝对值关系密切
菌源分布情况	预测地距离菌源地远或近	舍弃，指标难以界定，在病害发生程度分区过程中，考虑此因素
地势特点	低洼地、河流川道、塬区、山区等	舍弃，不作为预测因子，在最终的预测结果描述中提现
发病面积百分比	%	舍弃，指标不易及时获取
作物抗病性（作物品种）	作物的抗病等级	舍弃，一个区域种植的品种较多，如果考虑品种因素将影响区域预测，默认为感病品种
感病品种百分比	%	舍弃，指标不易及时获取，且主栽品种多为感病，因此预测时默认为感病品种
是否施药	是或否	舍弃，不考虑施药情况，仅对自然状态下病害发生风险作出预测

通过筛选确定旬（月）降水量距平百分率、旬（月）平均温度、预测时的发病情况（DI）三个因子。确定关键因子的临界值，临界值将敏感因子分割为多个区间，不同因子的区间组合用以模拟实际的环境情况，一种条件组合代表一种环境情况。

搜集的历史数据中主要有市级和县级两类，将县级数据作为训练样本对模型进行训练，构建每种条件组合与发病等级之间的一一对应关系。一个训练样本只属于模型的一种条件组合，条件组合对应的发病等级和概率就是训练样本的发病等级和概率。若某种条件组合没有样本与之对应则通过专家知识和经验给定该组合发病等级及其对应的概率。

8.6 作物病害监测、预警系统测试

8.6.1 测试方法

功能测试指根据本系统需求说明书和用户手册中规定的要求，对该系统的全部功能模块进行覆盖测试。功能测试的主要内容包括：

具体测试内容可分为四个方面：

——功能完整性：功能是否满足用户的需求，功能实现是否覆盖了用户手册的全部内容。

——功能可用性：可用性测试是各功能项能否按照规定的操作流程顺利执行，实现预期的结果。

——功能正确性：功能实现是否正确，程序和数据实现是否与用户文档的全部内容相对应。

——互操作性：系统与一个或更多的规定系统进行交互的能力。互操作性测试是为了发现软件在运行过程中，在与其他软件或设备传递过程中出现的缺少数据及命令的情况。

8.6.2 测试内容范围（表8-12）

表8-12　系统测试内容范围

序号	模块	测试项	测试点	测试点描述
1		裁切	遥感影像裁切	能够根据指定范围将遥感影像按照需求进行裁切
2	数据预处理	镶嵌	遥感影像镶嵌	能够将相邻两景或两景以上影像拼接成一幅影像
3		融合	遥感影像融合	能够将匹配的多光谱影像和全色影像进行融合生产
4		气象数据提取	气象数据提取	能够将气象站点中的与计算相关的数据提取出来，按照模型所需格式生成新的气象数据

序号	模块	测试项	测试点	测试点描述
5		气象数据转换	气象数据转换	能够将气象数据提取出来的气象站点数据转换成空间点位信息数据
6	数据预处理	克里金插值	克里金插值	能够将气象站点中的气象数据采用克里金插值的模型进行气象插值
7		反距离插值	反距离插值	能够将气象站点中的气象数据采用反距离插值模型进行气象插值
8		样条函数插值	样条函数插值	能够将气象站点中的气象数据采用样条函数插值模型进行气象插值
9		病害严重度分区	病害严重度分区	能够基于气象数据和作物种植区域数据对冬小麦和夏玉米病害发病的风险程度进行区分
10	病害预警	冬小麦条锈病预警	冬小麦条锈病预警	能够利用气象站点数据和植保站条锈病发病情况数据做训练样本，对监测区冬小麦条锈病进行预警监测
11		冬小麦白粉病预警	冬小麦白粉病预警	能够利用气象站点数据和植保站白粉病发病情况数据做训练样本，对监测区冬小麦白粉病进行预警监测
12		夏玉米大小斑病预警	夏玉米大小斑病预警	能够利用气象站点数据和植保站大小斑病发病情况数据做训练样本，对监测区夏玉米大小斑病进行预警监测
13		病害适宜发生范围提取	提取病害适宜发生范围	能够根据不同作物不同病种提取每种病种的适宜发生范围
14		作物健康区域提取	提取作物健康区域	能够在病害适宜发生范围将作物健康区域提取出来
15	病害监测	作物病害区域提取	提取作物病害区域	能够将病害适宜发生范围中实际作物病害范围提取出来
16		小麦白粉病监测	小麦白粉病监测产品生产	能够进行小麦白粉病监测产品生产
17		玉米大斑病监测	玉米大斑病监测产品生产	能够进行玉米大斑病监测产品生产
18		小麦条锈病监测	小麦条锈病监测产品生产	能够进行小麦条锈病监测产品生产

序号	模块	测试项	测试点	测试点描述
19		作物物候期反演	作物物候期反演	利用监测区经度、纬度、高程和历史作物物候期观测数据,生成小麦、玉米和水稻的标准物候期空间分布
20	损失评估	冬小麦条锈病损失	冬小麦条锈病损失	根据冬小麦条锈病发病程度和物候期信息计算冬小麦损失率
21		冬小麦白粉病损失(TVDI)	冬小麦白粉病损失(TVDI)	能够根据冬小麦条锈病发病程度和物候期信息计算冬小麦损失率
22		玉米大小斑病损失	玉米大小斑病损失	能够根据玉米大小斑病发病程度和物候期信息计算玉米损失率
23		实测数据验证	实测数据验证	能够根据试验站地面样方数据,利用系统检验模型,对反演的指数产品进行精度验证
24	质量检验	平行验证	平行验证	能够根据不同分辨率影像,利用系统检验模型,对反演的指数产品进行精度验证
25		自定义验证	自定义验证	能够根据经验值利用系统检验模型,对反演的指数产品进行精度验证
26		数据导入	各种数据导入	能够将灾害监测所需数据(如遥感数据、地面测量数据、土壤参数数据、统计数据等等)和系统生成完成的灾害监测成果数据导入到数据库中
27		数据导出	数据库内数据导出	能够将用户查询、选择的数据导出到指定存储空间
28		数据查询	数据库数据查询	能够按照用户指定的条件进行查询,并能够将查询结果展示出来
29	数据库管理	删除数据	删除数据	能够将用户选中的数据删除,在删除之前,需要用户再次确认
30		修改数据	修改数据	修改选中的信息,在用户保存修改内容时,需要确认
31		加载到地图	数据空间加载	能够将用户选中的空间数据在地图上展示出来
32		显示详细信息	显示详细信息	显示用户选中数据的详细元数据信息
33		行政区划管理	行政区划管理	能够对行政区划数据进行新增、修改、删除等操作
34		用户管理	用户管理	能够对用户实现新增、修改、删除、权限设置等操作

8.6.3 测试过程（表8-13）

表8-13　系统测试过程记录

任务名称	开始时间	借宿时间	工作日	备注
第一轮测试执行	20140801	20140815	11	
第一轮回归测试	20140818	20140819	2	
第二轮测试执行	20140820	20140829	8	
第二轮回归测试	20140901	20140902	2	
第三轮测试执行	20140903	20140912	7	
第三轮回归测试	20140916	20140917	2	
测试报告撰写	20140918	20140919	2	

8.6.4 测试结果

通过回归测试，"农业灾害遥感监测与评价系统"中的所有缺陷都已解决并得到关闭，测试结果表明：

——功能实现全面，数据处理、农业指数产品生产、农作物面积监测、农作物产量估测、农作物病害监测、农业冷害监测、农业干旱灾害监测、质量检验、综合制图、业务管理、数据库管理、资源共享与服务所有功能点全部测试通过；

——界面易用性强，对用户输入不符合要求的数据，给出了简洁、准确的提示信息，必要时给出了帮助；

——系统安稳定性较好；

——业务流程规范、操作简便。

参考文献

曾娟，刘万才，姜玉英. 2011. 小麦重大病虫害数字化监测预警系统的建设与应用[J]. 中国植保导刊，31（7）：36-37.

邓晓璐，王培，马宁，等. 2016.基于物联网的寒地玉米大斑病预警系统的设计与实现[J]. 中国农机化学报，37（7）：166-170.

龚一飞，刘万才. 2012. 农作物有害生物调查项目数据处理平台的构建与实现[J]. 中国植保导刊，32（3）：31-34.

杭小树，熊范伦. 2000. 基于CBR的农作物病虫害预报专家系统[J]. 计算机工程与应用，36（10）：161-163.

黄冲，刘万才，周明阳，等. 2013. 中国主要农作物有害生物数据库开发建设与应用[J]. 中国植保导刊，33（3）：36-40.

籍延宝. 2014. 农业主要病虫害监测预警系统通用平台的开发及初步应用[D]. 北京：中国农业大学.

贾彪，贺春贵，钱瑾. 2007. 植物保护专家系统的发展现状及应用前景[J]. 草原与草坪（4）：18-22.

孔祥洪，翁梅. 2005. 基于Web的数据挖掘分类技术[J]. 中国科技信息（20A）：52-52.

冷伟峰. 2015. 小麦条锈病遥感监测及网络信息平台构建[D]. 北京：中国农业大学.

刘万才，姜玉英，张跃进，等. 2009. 推进农业有害生物监测预警事业发展的思考[J]. 中国植保导刊，29（8）：28-31.

路金阁，杨永国. 2008. 基于开源软件的WebGIS服务器构建[J]. 测绘与空间地理信息，31（5）：145-147.

罗菊花，黄文江，韦朝领，等. 2008. 基于GIS的农作物病虫害预警系统的初步建立[J]. 农业工程学报，24（12）：127-131.

齐永霞，丁克坚，陈方新，等. 2005. 安徽省小麦主要病害预测及管理系统研究[J]. 中国农学通报，21（10）：373-377.

司丽丽，曹克强，刘佳鹏，等. 2006. 基于地理信息系统的全国主要粮食作物病虫害实时监测预警系统的研制[J]. 植物保护学报，33（3）：282-286.

杨洲. 2007. 计算机预测预报系统理论方法及应用研究[D]. 昆明：昆明理工大学.

叶红，李龙澍. 2005. 面向对象的农业专家系统建模与实现[J]. 微机发展，

15（6）：19-21.

张谷丰. 2009. 基于WebGis的农作物病虫预警诊断平台[D]. 南京：南京农业
大学.

张金恒，朱德柱. 2002. 基于"3S"技术构建农业灾害监测信息系统[J]. 灾
害学，17（2）：76-81.

张守网，陈高潮，朱诚. 2011. 水稻病害监测预警系统的设计与实现[J]. 安
徽农学通报，17（9）：203-204.

赵春江，吴华瑞，杨宝祝，等. 2004. 基于软构件模型的农业智能系统平台
[J]. 农业工程学报，20（2）：140-143.

周桂红，郑磊，黄丽华，等. 1999. 农业专家系统生成工具的设计与实现
[J]. 农业工程学报，15（3）：53-59.

刘宇，刘万才，王雪峰. 2009. 水稻重大病虫害数字化监测预警平台的设计
与实现[J]. 中国植保导刊，29（12）：5-6.

蔡定军，夏春萍，谭本忠，等. 2005. 农业专家系统通用开发平台的设计
[J]. 农业网络信息（2）：12-15.

Bone C，Dragicevic S，Roberts A. 2011. Integrating high resolution remote
sensing，GIS and fuzzy set theory for identifying susceptibility areas of
forest insect infestations[J]. International Journal of Remote Sensing，26
（21）：4 809-4 828.

Boulos M N K，Honda K. 2005. Web GIS in practice IV：publishing your
health maps and connecting to remote WMS sources using the Open Source
UMN MapServer and DM Solutions MapLab[J]. International Journal of
Health Geographics，5（1）：1-7.

Caradonna G，Figorito B，Tarantino E. 2015. Sharing environment geospatial
data through an open source WebGIS[J]. Lecture Notes in Computer
Science，9157：556-565.

附 录

作物病害监测模块说明

1.1 病害适宜发生范围监测（附表1）

附表1 病害适宜发生范围监测

功能名称	病害适宜发生范围监测模型
功能描述	从原始气象数据中自动提取对各类病害发生具有重要影响的气象参数，结合植保历史数据，自动完成病害适宜发生程度的Fisher判别模型训练，并应用模型和现时数据得到病害适宜发生范围
流程图 （9-1）	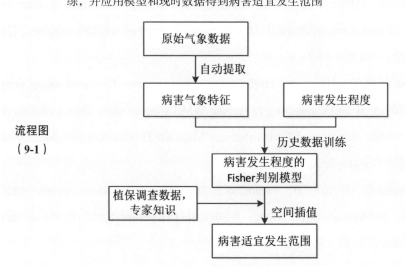

功能名称	病害适宜发生范围监测模型

模型说明

类型：Fisher 判别模型；

步骤1（建模）：以历史数据的气象参数和各县多年份病害发生程度（0～5级）进行训练，得到判别模型

步骤2（应用）：以各气象台站自动提取的现时气象参数为输入，模型输出为站点所处位置的病害适宜发生程度

步骤3（修正）：当获得病害初期发生基数的植保调查数据时，允许根据专家经验人为对病害适宜发生程度进行修正；或根据病田率参考以下公式进行修正：

修正后病害适宜发生程度=病害适宜发生程度*（1+病田率）

对于修正后程度高于5的站点赋予5，对非整数取值进行四舍五入

步骤4（空间插值）：将模型输出的各台站病害适宜发生程度值利用Kriging或反距离权重法进行空间插值，得到病害适宜发生程度的空间分布

输入数据

主要包括温度、湿度、降水、日照等原始数据。

数据类型：气象旬值数据；

数据来源：中国气象局；

数据格式：Excel或ASCII。

站点	年	月	日	平均温度	最高温度	最低温度	日照时数	降水量（*/无降水）	相对湿度
周至57032	2000	1	1	1	5	-1.8	26.6	0	66
周至57032	2000	1	2	-0.5	2.5	-2.1	22.6	5.5	80
周至57032	2000	1	3	-1.5	1.1	-3.1	16.7	1.8	68
周至57032	2000	2	1	0.7	5.8	-3.1	40.7	0	57
周至57032	2000	2	2	5.3	10	1.6	38.2	1.9	58
周至57032	2000	2	3	5	10.3	1	30.1	3.9	60
周至57032	2000	3	1	9.1	14.7	4.5	37.6	0	49
周至57032	2000	3	2	11.7	17.9	7.3	47.2	2.8	55
周至57032	2000	3	3	14.1	21.2	9	83.7	1.1	45
周至57032	2000	4	1	13.2	19.7	9	52.4	15.2	65

提取参数

病害类型	参数1	参数2	参数3	参数4
小麦条锈病	1—5月上旬旬均度>5℃的旬的旬均温平均值（℃）	1—5月上旬旬均度>5℃的旬的总降水量（mm）	1—5月上旬旬均度>5℃的旬的总降水天数（天）	
小麦白粉病	3月上旬至4月下旬降水量（mm）	3月上旬至4月下旬日照时数	3月上旬至4月下旬平均气温（℃）	上年11月上旬至本年1月平均气温（℃）
玉米大斑病	6—8月平均温度（℃）	6—8月总降水量（mm）	6—8月降水频次（>0.1mm）	6—8月平均温度低于15℃的旬数

注释

1.2 病害疑似发生位置遥感监测（附表2）

附表2 病害疑似发生位置遥感监测

功能名称	**病害疑似发生位置遥感监测模型**
功能描述	在病害适宜发生范围内，基于应用区域遥感影像，结合病害特定的光谱特征，对病害疑似发生位置进行分县遥感制图。

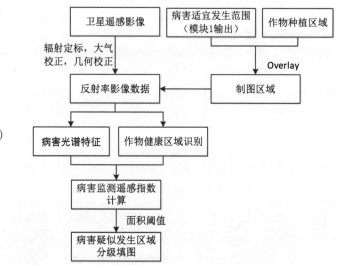

流程图（9-2）

数据输入	**遥感影像**：Landsat TM-5/8，环境星HJ-CCD； **处理等级**：经过辐射定标、大气校正、几何校正的影像； **作物种植区域**：监测作物的种植范围图层，可来源于土地利用类型图，影像解译结果等； **病害适宜发生范围**：模块1输出。

对应与不同病害类型的光谱特征，通过对多光谱遥感影像进行波段运算获得，特征各波段均采用待检测像元值与健康像元值对比的方式构成。

条锈病特征为：

病害光谱特征

$$\text{TX\_Index} = 0.75899 \frac{\left(\text{Green}_{disease} - \text{Green}_{normal}\right)}{\text{Green}_{normal}} +$$

$$0.216699 \frac{\left(\text{NIR}_{normal} - \text{NIR}_{disease}\right)}{\text{NIR}_{normal}}$$

功能名称	病害疑似发生位置遥感监测模型
病害光谱特征	白粉病特征为：$$BF\_Index = 0.6225 \times \frac{Red_{disease} - Red_{normal}}{Red_{normal}} + 0.5856 \times \frac{NIR_{normal} - NIR_{disease}}{NIR_{normal}}$$ 大斑病特征为：$$DB\_Index = \frac{(Blue_{normal} - Blue_{disease})}{Blue_{normal}} + \frac{(Red_{normal} - Red_{disease})}{Red_{normal}}$$
模型说明	**步骤1（制图区域确定）**：病害适宜发生范围（程度大于等于2级的区域）和作物的种植范围叠加的重叠部分（overlap）确定监测范围 **步骤2（作物健康区域识别）**：定义应用区内的作物健康生长区域，可以通过导入预先给定的矢量，在不指定的情况下，亦可基于区域内NDVI计算提取。这种方式下，求得监测区域NDVI的均值（mean）和标准差（SD），将处于（mean，mean+2SD）范围的像素值作为健康区域 **步骤3（病害监测遥感指数计算）**：根据特定病害光谱特征公式，在作物种植区域中健康区域以外的范围（作物种植范围中扣去步骤2中识别为健康的区域）内利用波段运算对病害监测特征进行计算 **步骤4（病害疑似发生区域分级填图）**：对病害监测特征计算结果采用阈值分割进行病害填图。阈值可根据经验人为设定，也可根据区域统计值确定。首先求得步骤3填图区域中病害监测遥感指数的均值（mean）和标准差（SD）。阈值设置为： （mean+SD，mean+2SD）轻度疑似 （mean+2SD，mean+3SD）中度疑似 （>mean+3SD）高度疑似
注释	

灾害损失指标体系说明

所构建的灾害损失指标是基于病害发生等级的产量损失率，通过分析历年病害发生情况及其对应年份的产量损失情况而获取历史损失率，通过

213

筛选产量损失率模型而获得模型损失率，通过对比判断为每种病害确定至少一种损失指标，构建灾害损失指标的具体流程如下。

1. 确定病害损失指标：最初选定病害损失率和万亩损失量两个指标，通过后期的数据对比和专家审批意见选定病害损失率作为最终的病害损失指标；

2. 搜集陕西、甘肃、宁夏3省（区）病害历史损失数据以及当年作物的产量数据，通过计算得出病害损失率，按照发病等级进行汇总，去除其中过大或过小的数据（使用4倍平均偏差法进行取舍）然后取平均值作为最终的历史损失率；

3. 查阅文献，搜集病害损失预测模型。搜集到的模型见本文档第一部分。最终为小麦条锈病和玉米大小斑病选定了较为合适的模型。

最终的灾害损失指标如附表3至附表5。

附表3　冬小麦条锈病损失率

发病程度	轻度	偏轻	中度	偏重	重度
病情指数	0.001 ~ 5	5 ~ 10	10 ~ 20	20 ~ 30	>30
历史损失率（%）	0 ~ 2.49	2.49 ~ 3.38	3.38 ~ 6.27	6.27 ~ 8.19	>8.19
模型损失率（%）	0 ~ 2.35	2.35 ~ 2.83	2.83 ~ 4.05	4.05 ~ 7.44	>7.44

附表4　冬小麦白粉病损失率

发病程度	轻度	偏轻	中度	偏重	重度
病情指数	0.001 ~ 10	10 ~ 20	20 ~ 30	30 ~ 40	>40
历史损失率（%）	0 ~ 0.54	0.54 ~ 0.84	0.84 ~ 1.28	1.28 ~ 2.17	>2.17

附表5　夏玉米大斑病损失率

发病程度	轻度	偏轻	中度	偏重	重度
病情指数	0.001 ~ 5	5 ~ 10	10 ~ 20	20 ~ 30	>30
模型损失率（%）	0 ~ 2.5	2.5 ~ 7.4	7.4 ~ 14.2	14.2 ~ 24.7	>24.7

由于历史损失率是基于西北地区历史损失情况统计得来，选用的模型也适用于西北地区，因此该套指标可以用以西北地区遥感监测的灾害损失评估。